Rotes Heft 10

Einsatztaktik für den Gruppenführer

von
Dipl.-Ing. Hermann Schröder
Ministerialdirigent i. R.
ehemals Landesbranddirektor
Baden-Württemberg

22., aktualisierte Auflage

Verlag W. Kohlhammer

Wichtiger Hinweis
Der Verfasser hat größte Mühe darauf verwendet, dass die Angaben und Anweisungen dem jeweiligen Wissensstand bei Fertigstellung des Werkes entsprechen. Weil sich jedoch die technische Entwicklung sowie Normen und Vorschriften ständig im Fluss befinden, sind Fehler nicht vollständig auszuschließen. Daher übernehmen der Autor und der Verlag für die im Buch enthaltenen Angaben und Anweisungen keine Gewähr.

22., aktualisierte Auflage 2026

Alle Rechte vorbehalten
© W. Kohlhammer GmbH, Stuttgart
Gesamtherstellung:
W. Kohlhammer GmbH, Heßbrühlstr. 69, 70565 Stuttgart
produktsicherheit@kohlhammer.de

Print:
ISBN 978-3-17-037775-2

E-Book-Formate:
pdf: ISBN 978-3-17-037777-6
epub: ISBN 978-3-17-037778-3

Für den Inhalt abgedruckter oder verlinkter Websites ist ausschließlich der jeweilige Betreiber verantwortlich. Die W. Kohlhammer GmbH hat keinen Einfluss auf die verknüpften Seiten und übernimmt hierfür keinerlei Haftung.

Inhaltsverzeichnis

	Einleitung	7
1	Grundsätze der Einsatztaktik	11
2	Von der Alarmierung bis zum Eintreffen an der Einsatzstelle	19
2.1	Alarmieren und Ausrücken	19
2.2	Alarmfahrt zur Einsatzstelle	22
2.3	Fahrzeugaufstellung	26
3	Der Führungsvorgang	31
4	Der Einsatzablauf am Ablaufplan des Führungsvorgangs dargestellt	34
4.1	Die Lage	36
4.1.1	Allgemeine Lage	38
4.1.2	Schadenereignis/Gefahrenlage	41
4.1.3	Schadenabwehr/Gefahrenabwehr	47
4.2	Lagefeststellung	61
4.2.1	Frontalansicht des Schadenobjekts	62
4.2.2	Befragung »beteiligter« Personen	63
4.2.3	Vorgehen in den Eingangsbereich/Treppenraum bei Gebäuden oder Blick in das Innere von Objekten (z. B. Fahrzeuginnenraum)	63
4.2.4	Herumgehen um das Schadenobjekt	64

Inhaltsverzeichnis

4.3	Beurteilung	67
4.3.1	Welche Gefahren sind erkannt?	68
4.3.2	Welche Gefahr muss zuerst bekämpft werden?	74
4.3.3	Möglichkeiten zur Gefahrenabwehr	75
4.3.4	Welche Möglichkeit der Gefahrenabwehr ist die beste?	94
4.4	Entschluss (Absicht/Grundzüge/Nachforderung)	97
4.5	Einsatzbefehl	99
4.6	Lagemeldung	103
4.7	Kontrolle und weiterer Führungsvorgang	108
4.8	Abschließende Maßnahmen	109

5 Die Aufgaben im Anschluss an die Gefahrenbeseitigung ... 113

5.1	Abrücken von der Einsatzstelle	113
5.2	Wiederherstellen der Einsatzbereitschaft im Feuerwehrhaus bzw. auf der Feuerwache	115

6 Die Gruppe als Teileinheit ... 117

6.1	Die Gruppe im Zugeinsatz	118
6.1.1	Einsatz getrennt	121
6.1.2	Einsatz nebeneinander	121
6.1.3	Einsatz hintereinander	122
6.1.4	Einsatz geschlossen	123
6.2	Die Gruppe als nachrückende Einheit bei Großeinsätzen	124

7 Standard-Einsatz-Regeln (SER) der Gruppe für den Brandeinsatz ... 126

Inhaltsverzeichnis

8 Lösungen zu den Wissensfragen **138**

Stichwortverzeichnis **141**

Einleitung

Die Feuerwehren stehen bei ihren Einsätzen einer Vielzahl verschiedenartiger und unterschiedlich großer Aufgaben und Herausforderungen gegenüber. Dabei müssen Sie als Führungskraft in Ihrer Funktion als Einsatzleiterin oder Einsatzleiter oder als Einheitsführerin oder Einheitsführer im Einsatz in kürzester Zeit die Ihnen unbekannte Einsatzlage

- erfassen (Lagefeststellung),
- beurteilen (Beurteilung)

und sich, auf diesen Erkenntnissen aufbauend, für eine möglichst optimale Gefahrenabwehr

- entscheiden (Entschluss) und
- die Maßnahmen anordnen (Befehl).

Diese vier Teilschritte bilden in der Führungslehre das Grundmodell des **Führungsvorgangs**; dieses Grundmodell wird als Kreisschema bezeichnet. Sie als Führungskraft durchlaufen im Einsatz ständig diesen Führungsvorgang, der Ihnen eine intellektuelle Höchstleistung bei gleichzeitiger hoher Stressbelastung abverlangt.

Umfangreiche Kenntnisse über die Einsatzmöglichkeiten und -grenzen der Geräte, Fahrzeuge und Löschmittel, über die Unfallverhütungsvorschriften, über die Gefahren aufgrund Art, Material und Konstruktion des Schadenobjekts sowie über Kompetenzen, Regelungen und Vorgaben gemäß einschlägiger Rechtsvorschriften bilden das Basiswissen einer Führungskraft.

Einleitung

Eine ausgeprägte Führungspersönlichkeit ist die Grundvoraussetzung, um der übertragenen Führungsverantwortung gerecht werden zu können. Entschlusskraft, Verlässlichkeit, persönliche Autorität und die Fähigkeit, andere Menschen zu motivieren, sind entscheidende **Führungseigenschaften**.

Die Qualität einer Führungskraft zeigt sich daran, ob ihr Fachwissen unter einsatztaktischen Gesichtspunkten zum optimalen Einsatzerfolg führt. Fachbezogenes Basiswissen, persönliche Führungsqualität und die Beherrschung der Einsatztaktik sind ein sich gegenseitig beeinflussendes System, in dessen Mittelpunkt der Führungsvorgang als steuerndes Element steht.

Das vorliegende Rote Heft beschreibt diesen Führungsvorgang als zentrales Element der Einsatzführung und ordnet die zugehörigen taktischen Grundregeln den einzelnen Phasen des Führungsvorgangs als konkrete Handlungsanweisungen zu.

Allen Ausführungen in der Lehrschrift liegt die Überlegung zugrunde, dass der **Denk- und Handlungsablauf** einer Führungskraft wegen der Stressbelastung in der Einsatzphase und der Kürze der verfügbaren Reaktionszeit nicht mehr nur dem eigenen Willen unterliegt, sondern als **unwillkürlicher Denk- und Handlungsprozess** abläuft. Das heißt, dass das Denken und Handeln nicht mehr nur alleine vom Willen beeinflussbar sind, sondern dass auch eingeübte Handlungsschemata an deren Stelle treten. Fehlen diese Schemata, so sind die Ergebnisse der Denk- und Handlungsabläufe teilweise dem Zufall überlassen. Sie sind dann weder vorhersehbar noch in befriedigender Qualität zu erwarten. Ziel der Taktikausbildung muss es daher sein, einen universell anwendbaren

Einleitung

Führungsvorgang und zugehörige klare Einsatzgrundsätze zu vermitteln.

In ▶ Kapitel 7 sind als Ergebnis des Denk- und Handlungsprozesses für den Wohnungsbrand vier Standard-Einsatz-Regeln (SER) beschrieben. Diese geben für die Erstphase des Einsatzes, unmittelbar nach Eintreffen der Einheit an der Einsatzstelle und aufgrund eines ersten Lageeindrucks, grundsätzliche und immer anwendbare Einsatzmaßnahmen vor. Sie sollen den Führungskräften helfen, die ersten Einsatzmaßnahmen zielgerichtet und sinnvoll zu planen und umzusetzen.

Während der Führungsvorgang auf allen Führungsebenen anwendbar ist, treffen die erläuternden Regeln und Einsatzgrundsätze oft nur für eine bestimmte Führungsebene zu. Das vorliegende Rote Heft stellt Sie als Gruppenführerin oder Gruppenführer in den Mittelpunkt der Ausführungen. Alle Aussagen gelten in gleicher Weise auch für die Staffel und für den Selbstständigen Trupp. Auch die Zugführerinnen und Zugführer nutzen die Aussagen und das gedankliche Vorgehen bei der Abarbeitung des Führungsvorgangs.

Als Gruppenführerin oder Gruppenführer bewältigen Sie insbesondere als Mitglied bei den Freiwilligen Feuerwehren die Mehrzahl der Einsätze in der Verantwortung der Einsatzleiterin oder des Einsatzleiters. Verantwortungsvolle und folgenschwere einsatztaktische Entscheidungen müssen von Ihnen schnell und wohlüberlegt getroffen werden. Bei Großeinsätzen legen Sie durch die Erstmaßnahmen sehr oft auch den Grundstein für den späteren Einsatzerfolg oder aber auch für den Misserfolg.

So stehen Sie als Gruppenführerin oder als Gruppenführer in der Führungshierarchie zwar an »unterster« Stelle, dennoch

Einleitung

oder gerade deshalb nehmen Sie für den Einsatzerfolg die zentrale Position ein.

Das vorliegende Rote Heft soll Sie bei der Ausübung Ihrer Führungsaufgabe unterstützen. Als Ergänzung zu den Feuerwehr-Dienstvorschriften soll es in die Einsatztaktik einführen. Für die Aus- und Fortbildung bietet es wertvolle Hinweise bei der Vorbereitung von Planbesprechungen sowie von Plan- und Einsatzübungen.

1 Grundsätze der Einsatztaktik

Einsatztaktik ist die Lehre von der Anordnung und der Aufstellung der Einheiten sowie der zweckmäßigen Auftragszuweisung an diese.

Die Einsatztaktik hat zum Ziel,

- die richtigen Mittel
- zur richtigen Zeit
- am richtigen Ort

einzusetzen. Um dieses Ziel zu erreichen, muss Ihnen als Führungskraft ein leicht erlernbarer Denk- und Handlungsablauf zur Verfügung stehen. Dieser Denk- und Handlungsablauf wird in der Einsatzlehre Führungsvorgang genannt. Sie durchlaufen ihn bei jedem Feuerwehreinsatz mehrmals und erhalten für jede Schadenlage eine eigene individuelle, optimale Lösung.

Bei der Anwendung des Führungsvorgangs gelten folgende vier allgemein gültige, das heißt nicht lagespezifische Taktikgrundsätze:

> **1. Taktikgrundsatz:**
> Menschenrettung und der Schutz von Menschen haben absoluten Vorrang!

Erster und »Oberster« Taktikgrundsatz ist es, dass immer zuerst die Gefahren für Menschen bekämpft werden müssen.

Dies kann geschehen, indem man die Menschen aus dem Gefahrenbereich, in dem sie sich befinden, in einen sicheren Bereich verbringt – wir sprechen dann von Menschenrettung –

oder dass wir durch andere gezielte Einsatzmaßnahmen die im Gefahrenbereich gefährdeten Personen schützen – wir sprechen dann vom Schutz von Menschen.

Menschenrettung beinhaltet drei Möglichkeiten:

- Befreien der Personen aus einer lebensbedrohlichen Zwangslage,
- Herausführen oder Verbringen der Personen aus dem unmittelbaren Gefahrenbereich in einen sicheren Bereich und/oder
- Durchführen lebensrettender Sofortmaßnahmen.

Unter lebensrettenden Sofortmaßnahmen werden dringende beziehungsweise unaufschiebbare medizinische beziehungsweise rettungsdienstliche Maßnahmen verstanden.

Sie können Gefahren für Menschen aber auch bekämpfen, indem Sie diese Menschen an ihrem Aufenthaltsort belassen und ein Einwirken der Gefahr auf diese Personen, beispielsweise durch Vornahme eines Rohres, verhindern und sie dadurch schützen – der Schutz von Menschen.

Merke:

Gefahren für Menschen können Sie abwenden und beseitigen, indem Sie die Personen von der Gefahr »entfernen« (retten) oder indem Sie die Einwirkung der Gefahr auf die Menschen ausschließen oder mindern (schützen).

Schutz von Menschen heißt auch, dass Sie die Einsatzkräfte selbst nicht mehr als unbedingt notwendig gefährden dürfen. Was »notwendig« ist, bleibt der Einzelfallentscheidung überlassen. Ein Abwägen zwischen der Gefährdung der Einsatz-

1 Grundsätze der Einsatztaktik

kräfte und dem erzielbaren Nutzen ist zwingende Voraussetzung eines jeden Entschlusses.

> **2. Taktikgrundsatz:**
> Bilden Sie Einsatzschwerpunkte und überfordern Sie die Kräfte nicht!

Bei vielen Einsätzen reichen die in der Erstphase an der Einsatzstelle verfügbaren Einsatzkräfte nicht aus, um alle bestehenden Gefahren sofort und gleichzeitig zu bekämpfen. Dies bereitet immer Probleme und macht es Ihnen als Führungskraft nicht einfach. Getrieben vom Willen, möglichst umfassend zu helfen, wollen Führungskräfte immer alle Gefahren gleichzeitig beseitigen. Wir versuchen dann häufig, eine vermeintlich geschickte Aufteilung unserer Kräfte vorzunehmen. Leicht übersehen wir dabei, dass die Gruppe überfordert ist und die Einsatzmaßnahmen wirkungslos bleiben (vieles wird getan, doch nichts richtig!).

Besser ist es, ein vorrangiges Einsatzziel durch konzentrierten und angemessenen Einsatz von Kräften schnell und sicher zu erreichen. Bilden Sie Einsatzschwerpunkte.

> **Merke:**
> **Mehr als zwei Einsatzziele gleichzeitig kann eine Gruppe in aller Regel nicht erreichen (z. B. Menschenrettung über tragbare Leitern und Brandbekämpfung mit einem Rohr).**

1 Grundsätze der Einsatztaktik

> **3. Taktikgrundsatz:**
> Fordern Sie rechtzeitig Kräfte nach!

Die Einsatzpraxis zeigt immer wieder, dass weitere benötigte Einsatzkräfte gar nicht oder erst zu spät nachgefordert werden. Dies gilt vor allem, wenn es sich nicht um Kräfte der eigenen Gemeindefeuerwehr handelt, sondern wenn auf benachbarte Gemeindefeuerwehren zurückgegriffen werden muss.

Bedenken Sie immer, dass zwischen der Nachforderung weiterer Kräfte und deren Eintreffen an der Einsatzstelle ein Zeitraum von 15 bis 20 Minuten keine Seltenheit ist. Wer also keine angemessene Reservebildung betreibt und erst nachfordert, wenn beispielsweise die Atemluftflaschen schon leer sind oder wenn ein weiteres C-Rohr vorgenommen werden muss, der sollte sich immer vor Augen führen, was an der Einsatzstelle passiert, wenn 15 Minuten lang keine Menschenrettung oder keine Brandbekämpfung durchgeführt werden können.

> **Merke:**
> Jede Führungskraft muss sich bewusst sein, dass die Nachforderung von Einsatzkräften kein Zeichen von Schwäche, sondern ein Zeichen von Stärke und Weitblick ist.

> **4. Taktikgrundsatz:**
> Verwenden Sie klare und eindeutige Begriffe!

In der Hektik des Einsatzgeschehens ist die Möglichkeit, im Einsatz Fehler zu machen, sehr groß. Alle vermeidbaren Fehler müssen daher im Voraus ausgeschlossen werden. Hierzu

1 Grundsätze der Einsatztaktik

gehört auch, dass Sie sich in der Feuerwehr einer Sprache bedienen, bei der jeder Begriff von jedem Feuerwehrangehörigen gleich verstanden und gleich benutzt wird. Wie jede andere »Branche«, hat auch die Feuerwehr ihre Fachsprache; zahlreiche Begriffe sind sogar genormt.

Alle Feuerwehrangehörigen müssen diese Begriffe bei der Ausbildung und im Einsatz verwenden. Als Führungskraft kommt Ihnen hierbei eine besondere Verantwortung und Vorbildfunktion zu.

Info:
Die Norm DIN 14011 legt über 400 Begriffe für das Feuerwehrwesen fest.
Begriffe im Rettungswesen sind in der DIN 13050 definiert.

Praxis-Tipp:
Zwei ebenso typische wie gravierende Fehler sind bei der Verwendung von **Geschossbezeichnungen** und bei **»Retten«** und **»Bergen«** festzustellen:

Verwenden Sie immer nur die Geschossbezeichnung wie 1., 2., ... Untergeschoss (UG), Kellergeschoss (KG), Erdgeschoss (EG), 1., 2., ... Obergeschoss (OG) und Dachgeschoss (DG).

Vermeiden Sie die Bezeichnung »Stock«. Diese wird häufig umgangssprachlich vor allem im süddeutschen Raum verwendet. So ist der 1. Stock das Erdgeschoss (kommt aus der Zimmermannsbauweise bei Fachwerkhäusern; »den 1. Stock aufschlagen«), der 2. Stock ist das 1. OG.

Wo liegt das Problem? Wenn Sie dem Angriffstrupp beispielsweise befehlen, in den 2. Stock vorzugehen,

1 Grundsätze der Einsatztaktik

kommt er beim Vorgehen oft ins Zweifeln, ob nun 1. oder 2. OG gemeint ist. Sieht er in einem Treppenraum dann gar noch die Geschossbezeichnungen angeschrieben, ist die Wahrscheinlichkeit, dass er statt ins 1. OG (das ist nämlich der 2. Stock) ins 2. OG vorgeht sehr groß; ein evtl. folgenreicher Fehler.

»Retten« oder »Bergen«; zwei Begriffe, die nicht nur in der Presse, sondern immer wieder auch bei Lagemeldungen falsch verwendet werden und dann zu relevanten Missverständnissen führen können. Lebende, sowohl Menschen als auch Tiere, werden »gerettet«. Tote Menschen oder tote Tiere werden »geborgen«. Fehlinformationen durch die Nutzung falscher Begriffe sollten Sie vermeiden und immer die fachlich richtigen Begriffe verwenden. Gleiches gilt für »Sachen«; Sachen werden geborgen und nicht gerettet.

Merke:

a) Verwenden Sie insbesondere bei der Befehlsgebung die Geschossbezeichnungen und meiden Sie den Stock- oder Stockwerksbegriff.
b) Lebende Menschen oder lebende Tiere werden als »gerettet« bezeichnet; bei Toten oder bei Sachwerten wird die Bezeichnung »geborgen« verwendet.

Meiden Sie auch Relativbegriffe, wie »hoch« und »tief«, »schnell« und »langsam«, »groß« und »klein«. Solche Begriffe sind nur aussagekräftig, wenn auch der Gesprächspartner sieht, worüber gesprochen wird. Im Feuerwehreinsatz ist dies, insbesondere beim Funkverkehr, oft nicht der Fall. Missverständnisse und überflüssige Nachfragen sind die zwingende, aber unnötige Folge.

1 Grundsätze der Einsatztaktik

Testen Sie Ihr Wissen!

Welche Aussage ist richtig (r)? Welche Aussage ist falsch (f)?

- a) Einsatztaktik kann man nicht lernen. ( )
- b) Einsatztaktik ist die Lehre vom Umgang mit Geräten und Löschmitteln. ( )
- c) Retten heißt auch, medizinische beziehungsweise rettungsdienstliche Maßnahmen zum Zwecke der Abwendung eines lebensbedrohlichen Zustandes durchzuführen. ( )
- d) Sie müssen unter Umständen Einsatzmaßnahmen anordnen, bei deren Durchführung die eigenen Kräfte gefährdet werden. Hierbei gilt es aber immer zwischen dem Risiko für die Einsatzkräfte und dem erzielbaren Nutzen abzuwägen. ( )
- e) Einsatzkräfte dürfen nur nachgefordert werden, wenn ganz sicher ist, dass diese Kräfte auch eingesetzt werden können. ( )
- f) Die zuerst an der Einsatzstelle eintreffende Löschgruppe muss in jedem Fall alle bestehenden Gefahren gleichzeitig bekämpfen. ( )
- g) Der 3. Stock entspricht dem 4. Obergeschoss. ( )
- h) Zwei Personen wurden geborgen und an den Rettungsdienst zur weiteren rettungsdienstlichen Versorgung übergeben. ( )

1 Grundsätze der Einsatztaktik

i) Bei der Abfassung von Lagemeldungen dürfen Relativbegriffe, wie beispielsweise hoch, tief, schnell, langsam, viel, wenig, nicht benutzt werden. Sie vermitteln dem Empfänger, der die Lage selbst nicht sieht, keine eindeutigen Informationen. ( )

Lösung auf Seite 138.

2 Von der Alarmierung bis zum Eintreffen an der Einsatzstelle

Ihre Führungsaufgabe als Gruppenführerin oder Gruppenführer beginnt nicht erst beim Eintreffen an der Einsatzstelle. Bereits ab der Alarmierung sind Sie gefordert, den Einsatz der Gruppe vorzubereiten und zu leiten. Der Zeitraum von der Alarmierung bis zum Eintreffen an der Einsatzstelle muss möglichst kurz gehalten werden, um einen raschen Einsatz zu ermöglichen. Diese Zeit wird aber auch genutzt, um den Einsatz soweit wie möglich vorausschauend zu planen und die Mannschaft auf ihre Einsatzaufgabe vorzubereiten. Dennoch darf in dieser Phase weder leichtsinnig noch überstürzt gehandelt werden.

2.1 Alarmieren und Ausrücken

Die Alarmierungsart ist organisationsbedingt vorgegeben. Bei Freiwilligen Feuerwehren erfolgt die Alarmierung über Funkmeldeempfänger oder mittels Sirene. Bei ständig besetzten Feuerwachen erfolgt eine Wachalarmierung. Sowohl bei der Wachalarmierung als auch bei der Alarmierung über Funkmeldeempfänger werden in der Regel das Alarmierungsstichwort und der Einsatzort durchgesagt. Nehmen Sie diese Informationen immer auch bewusst wahr; andernfalls könnte es sein, dass Sie diese bis zum Ausrücken aus dem Feuerwehrhaus vergessen haben und nochmals nachfragen müssen.

2 Von der Alarmierung bis zum Eintreffen

Während der Fahrt zum Feuerwehrhaus sind aus Sicherheitsgründen die Vorschriften der Straßenverkehrsordnung einzuhalten. Sie sollten sich bewusst sein, dass Sie mit Ihrem Privat-Kraftfahrzeug eine Inanspruchnahme von Sonderrechten weder anzeigen können noch von anderen Verkehrsteilnehmern als »Feuerwehr« erkennbar sind. Daher ist die Inanspruchnahme von Sonderrechten ein erhöhtes Risiko, das es zu vermeiden gilt.

Praxis-Tipp:

Mehr Zeit als durch die Inanspruchnahme von Sonderrechten und die damit verbundene mögliche Verletzung der Straßenverkehrsordnung können Sie gewinnen, wenn Sie zuhause, vor allem nachts, Ihre Kleidung sowie Ihre Haus- und Fahrzeugschlüssel bewusst griffbereit und damit ausrückbereit an immer gleicher Stelle bereitlegen. Dies spart nicht nur Zeit, es erspart Ihnen auch eine unnötige Stressbelastung und mindert dadurch Fehlermöglichkeiten.

Im Feuerwehrhaus angekommen, legen Sie Ihre Einsatzkleidung an und orientieren sich, ob noch weitere Führungskräfte anwesend sind. Daraus ergibt sich dann, ob Sie die Funktion der Gruppenführerin beziehungsweise des Gruppenführers wahrnehmen und auf welchem Einsatzfahrzeug Sie ausrücken. Verfügt die Feuerwehr über mehrere Feuerwehrfahrzeuge, so ist in einer Ausrückeordnung je nach Alarmierungsstichwort festgelegt, welche Fahrzeuge in welcher Reihenfolge ausrücken. Den Einsatzkräften muss die Ausrückeordnung im Voraus bekannt sein.

2.1 Alarmieren und Ausrücken

Beim Ausrücken müssen Sie als Gruppenführerin oder Gruppenführer Folgendes beachten:

- Nur mit einsatzbereitem Fahrzeug ausrücken (Löschmittel, Geräte, Betriebssicherheit)!
- Erst Ausrücken, wenn das Fahrtziel und der Anfahrtsweg bekannt sind!
- Bei Brand- und ABC-Einsätzen erst ausrücken, wenn ausreichend Atemschutzgeräteträger im Fahrzeug verfügbar sind!
- Nie mit über- oder unterbesetztem Fahrzeug ausrücken (die Mindestausrückstärke des ersten Einsatzfahrzeugs soll mindestens 1/5 sein)!
- Soweit vorhanden, Feuerwehrplan beziehungsweise Feuerwehreinsatzplan auf das Fahrzeug mitnehmen!
- Kommando zum Ausrücken erst geben, wenn die Fahrzeugtüren geschlossen sind und die Ausfahrt frei ist (niemals auf ein anfahrendes Fahrzeug aufspringen)!
- Nur mit fahrtüchtigem Fahrer/Maschinisten (Fahrerlaubnis, Gesundheitszustand, keinerlei Alkohol- oder Drogeneinwirkung) ausrücken!

Melden Sie als Gruppenführerin oder Gruppenführer das Ausrücken bei der Feuerwehrleitstelle über Funk. Soweit Funkmeldesysteme (FMS) vorhanden sind, verwenden Sie die Statusmeldung 3 »Einsatzauftrag übernommen – auf dem Weg zur Einsatzstelle«. Ansonsten oder auch ergänzend setzen Sie die Abmeldung unter Angabe

- des Funkrufnamens,
- des Alarmierungsstichwortes,
- des Einsatzortes und
- der Mannschaftsstärke

verbal ab. Diese Abmeldung endet mit dem Wort »aus«.

2 Von der Alarmierung bis zum Eintreffen

> **Beispiel:**
> Florian Bruchsal 44 – zum Dachstuhlbrand – Im Wendelrot 10 – mit 1/8 – aus!

Die Wiederholung des Einsatzortes und des Alarmierungsstichwortes dient auch zur Kontrolle, ob Sie den Inhalt der Alarmierung richtig verstanden und erfasst haben. Sie können dies ergänzend zum Absetzen der Statusmeldung daher immer dann anwenden, wenn Sie Zweifel haben, ob Sie den Einsatzort und das Alarmierungsstichwort richtig verstanden haben.

Die Angabe der Mannschaftsstärke erleichtert insbesondere bei Großschadenereignissen die Erstellung einer Lageübersicht. Bei plötzlich auftretenden Schadenausweitungen mit verletzten und vermissten Einsatzkräften, beispielsweise nach Einstürzen und Explosionen während eines laufenden Einsatzes, ist die Kenntnis der Mannschaftsstärke eine wertvolle Hilfe bei der genauen Feststellung der Anzahl betroffener Einsatzkräfte.

2.2 Alarmfahrt zur Einsatzstelle

Während der Alarmfahrt ist der Maschinist als Fahrer für die Sicherheit der Mannschaft verantwortlich.

Die Inanspruchnahme von Sonderrechten beziehungsweise des Wegerechts muss durch gleichzeitige Benutzung der blauen Rundumkennleuchte und des Mehrklanghorns angezeigt werden.

2.2 Alarmfahrt zur Einsatzstelle

Trotz der Verantwortung des Maschinisten während der Alarmfahrt sollten Sie ständig kontrollieren, ob der Maschinist die Sonderrechte unter Berücksichtigung der öffentlichen Sicherheit und Ordnung in Anspruch nimmt. Falls notwendig, müssen Sie mäßigend auf die Fahrweise einwirken.

> **Merke:**
>
> Sicherheit geht vor Schnelligkeit!

Die Anfahrt zur Einsatzstelle bietet Ihnen viele Möglichkeiten, sich und die Gruppe auf den Einsatz vorzubereiten. Wichtig ist, dass sich jedes Mitglied der Mannschaft mit der Einsatzlage und der kommenden Aufgabe soweit nur möglich gedanklich (mental) vertraut macht. Aufgrund der Alarmierungsdurchsage kennen Sie die Anschrift der Einsatzstelle.

> **Praxis-Tipp:**
>
> Als Führungskraft sollten Sie in Ihrer Gemeinde oder Ihrem Ausrückbereich über Kenntnisse in Straßenkunde verfügen: Wo sind die Hauptverbindungsstraßen? Wo sind die Straßen, die beispielsweise nach Dichtern, Bäumen, Tieren usw. benannt sind. Aus diesem Wissen können Sie Rückschlüsse auf die Bauart und die Nutzung des Einsatzobjekts ziehen und sich bereits auf der Fahrt mit der Einsatzart und, soweit bekannt, mit dem Einsatzobjekt gedanklich vertraut machen.

2 Von der Alarmierung bis zum Eintreffen

Merke:

Teilen Sie alle Ihnen bekannten wesentlichen Informationen über die Gefahren- und Schadenlage frühzeitig auch der Mannschaft mit!

Hierzu gehören insbesondere Informationen von der Feuerwehrleitstelle sowie aus Feuerwehrplänen, Hydrantenplänen oder anderen Einsatzunterlagen.

Auf dem Fahrzeug mitgeführte Einsatzunterlagen, wie Feuerwehrpläne, Feuerwehreinsatzpläne, Hydrantenpläne oder Gefahrstoffliteratur, enthalten wertvolle Hinweise und sind soweit möglich während der Anfahrt zu »studieren«. Oft ist es sinnvoll, diese Unterlagen an die Mannschaft weiterzugeben; beispielsweise den Feuerwehrplan an den Angriffstrupp oder den Hydrantenplan an den Wassertrupp.

Die Funktionseinteilung ergibt sich aus der Sitzordnung im Fahrzeug. Entsprechende Festlegungen sind in der Feuerwehr-Dienstvorschrift 3 »Einheiten im Lösch- und Hilfeleistungseinsatz« (FwDV 3) getroffen (▶ Bild 1).

Gegebenenfalls sind Änderungen der Gruppeneinteilung anzuordnen. Wichtig ist, dass die Positionen des Angriffstrupps mit Atemschutzgeräteträgern besetzt sind.

2.2 Alarmfahrt zur Einsatzstelle

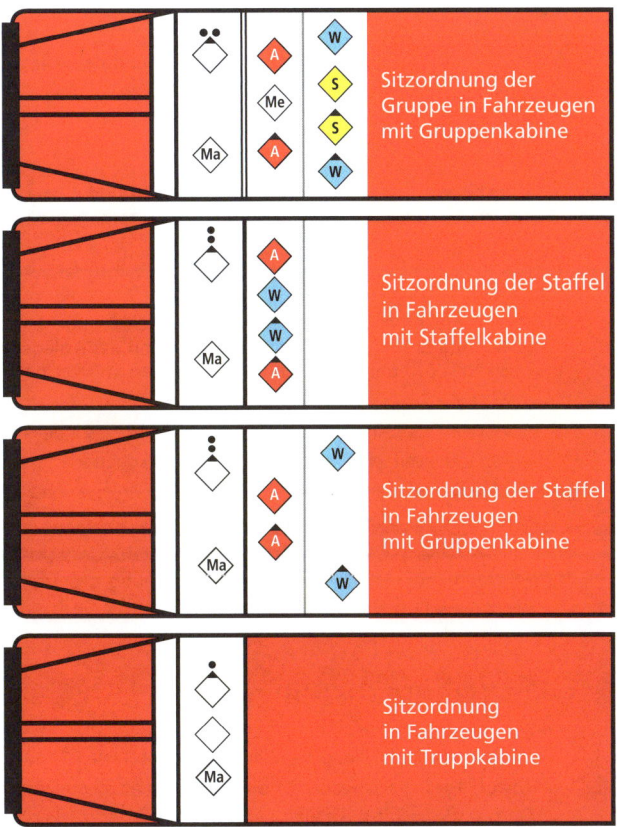

Bild 1: *Sitzordnung von Gruppe, Staffel und Trupp nach FwDV 3*

2 Von der Alarmierung bis zum Eintreffen

> **Merke:**
> Überprüfen Sie während des Ausrückens und der Alarmfahrt die Funktionseinteilung der Mannschaft!

> **Merke:**
> Soweit wie möglich sind Verhaltensregeln und Einsatzaufträge frühzeitig an die Mannschaft weiterzugeben!

> **Merke:**
> Weist das Alarmierungsstichwort auf einen Brand- oder ABC-Einsatz hin, wird für den Angriffstrupp das Anlegen von Pressluftatmern während der Alarmfahrt angeordnet!

Sind die Pressluftatmer nicht im Mannschaftsraum, sondern im Geräteraum verlastet, kann der Angriffstrupp dennoch bereits die Atemschutzmasken während der Anfahrt anlegen und die Maskendichtprobe durchführen.

Auch bei Brandeinsätzen im Freien, beispielsweise bei Fahrzeug- und Müllbehälterbränden, ist häufig das Tragen von Atemschutz sinnvoll und notwendig.

2.3 Fahrzeugaufstellung

Die Fahrzeugaufstellung beeinflusst wesentlich den Einsatzablauf. Dies gilt sowohl für die Maßnahmen der eigenen Gruppe als auch für die Einsatzmöglichkeiten nachrückender Einheiten. Zur Gewährleistung einer möglichst optimalen Fahrzeugaufstellung gelten folgende Grundsätze:

2.3 Fahrzeugaufstellung

> **Merke:**
> Fahrzeug außerhalb des Gefahrenbereichs aufstellen!

Einsturzgefahr bei Gebäuden beachten; Fahrzeug nie unter Hochspannungsleitungen abstellen, die über das brennende Gebäude führen; Explosionsgefahr berücksichtigen; bei ABC-Einsätzen immer Mindestabstand einhalten (▶ Kapitel 4.3.3).

> **Merke:**
> Nie vor Zugängen oder Zufahrten zur Einsatzstelle aufstellen!

Mit dem Fahrzeug immer so weit über eine Grundstückseinfahrt oder einen Gebäudeeingang hinausfahren, dass das Heck mit der Einfahrtsbegrenzung (z. B. Mauer) auf gleicher Höhe steht. Der Maschinist hat dann vom Pumpenbedienstand aus Einblick in den Entwicklungsraum der Gruppe und die Einfahrt bleibt frei.

> **Merke:**
> Nur in Ausnahmefällen in Grundstücke einfahren!

Das Fahrzeug kann hierdurch gefährdet und der Entwicklungsraum der Gruppe kann stark eingeschränkt werden.

> **Merke:**
> Immer auf der Einsatzstellenseite der Straße anhalten!

2 Von der Alarmierung bis zum Eintreffen

Die Mannschaft ist hierdurch besser vor dem Verkehr geschützt und der Verkehr kann gegebenenfalls weiterlaufen; Schlauchüberführungen beziehungsweise Schlauchbrücken können dann meist eingespart werden; nachrückende Fahrzeuge können ohne Einschränkung aufgestellt werden; Rettungsdienstfahrzeuge können problemlos an- und abfahren.

> **Merke:**
> Entwicklungsraum für die eigene Gruppe und nachrückende Einheiten schaffen, insbesondere für Hubrettungsfahrzeuge!

Eine B-Schlauchlänge über die Einsatzstelle hinausfahren. Das Überfahren oder Einfahren in Querstraßen vermeiden.

Bei Hilfeleistungs- und ABC-Einsätzen ist zwischen der Einsatzstelle und dem eigenen Löschfahrzeug Raum für die Aufstellung eines Rüst- beziehungsweise Gerätewagens oder eines Rettungsdienstfahrzeuges freizuhalten. Hubrettungsfahrzeuge immer an der Stelle positionieren, von der aus eine Menschenrettung am besten durchgeführt werden kann. In der Regel ist dies direkt vor dem Einsatzobjekt.

Die Aufstellung von Löschfahrzeugen ist in der Mehrzahl der Einsätze gemäß ▶ Bild 2 sinnvoll und daher zu empfehlen.

Sobald das Fahrzeug seinen endgültigen Standort erreicht hat, wird vom Gruppenführer die Eintreffmeldung abgesetzt. Dies geschieht durch Absetzen der Statusmeldung 4 »Am Einsatzort eingetroffen« oder verbal über Funk. Die Eintreffmeldung beinhaltet dann mindestens den eigenen Funkrufnamen sowie die Einsatzstelle und endet mit »eingetroffen«.

2.3 Fahrzeugaufstellung

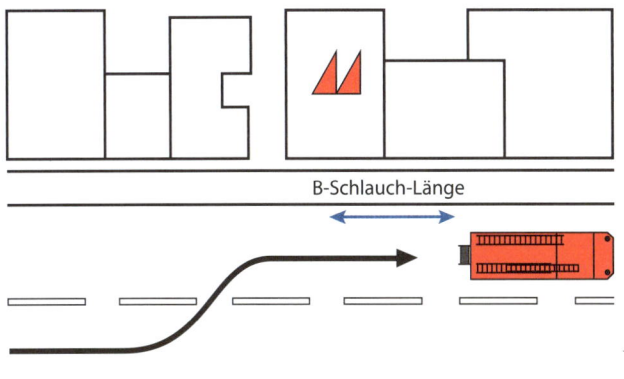

Bild 2: *Fahrzeugaufstellung des zuerst eintreffenden Löschfahrzeugs*

> **Beispiel:**
> Florian Bruchsal 44 – Im Wendelrot 10 – eingetroffen!

Die Eintreffmeldung dient auch der Dokumentation und der Überprüfung der Erreichbarkeit über Funk (Topographie/Funkschatten). Deshalb soll die Statusmeldung beziehungsweise die Eintreffmeldung erst abgesetzt werden, wenn das Fahrzeug an seinem endgültigen Standort steht.

2 Von der Alarmierung bis zum Eintreffen

Testen Sie Ihr Wissen!

Ergänzen Sie die fehlenden Begriffe:

a) Sie melden das Ausrücken Ihrer Einheit an die Feuerwehrleitstelle. Hierbei geben Sie den Funkrufnamen, das Alarmierungsstichwort, den … und die … an. Beispiel: »Florian Karlsruhe 44 – Zimmerbrand, Ritterstraße 48, mit … – aus!«

b) Während der Fahrt von zuhause oder von der Arbeitsstelle zum Feuerwehrhaus halten Sie sich an die Vorschriften der ….

c) Bei der Alarmfahrt mit dem Einsatzfahrzeug dürfen … nur unter … in Anspruch genommen werden. Der Gruppenführer muss auf die Fahrweise des Maschinisten gegebenenfalls … einwirken.

d) Vor dem Ausrücken ist unter anderem zu prüfen, ob ausreichend … auf dem Fahrzeug verfügbar sind.

e) Wenn Sie Zweifel haben, den Einsatzort und das Alarmierungsstichwort richtig verstanden zu haben, fragen Sie bei der … nach oder setzen Sie neben der Statusmeldung beim Ausrücken eine zusätzliche Ausrückmeldung ab.

f) Bei ABC- und … sollen die Pressluftatmer bereits während der … angelegt werden.

g) Das zuerst an der Einsatzstelle eintreffende Löschfahrzeug fährt ungefähr … über die Einsatzstelle hinaus. Hubrettungsfahrzeuge stellen sich direkt vor dem … auf.

Lösung auf Seite 138.

3 Der Führungsvorgang

Die herausforderndste Führungsaufgabe beginnt für Sie als Führungskraft mit dem Eintreffen an der Einsatzstelle. Innerhalb weniger Sekunden müssen Sie Entscheidungen treffen und Befehle erteilen, um eine weitere Ausweitung der Schadenlage zu verhindern und die bestehenden Gefahren zu beseitigen; hierbei geht es oft auch um die Gesundheit oder gar um das Leben von Menschen.

Aus einer Fülle von Eindrücken sind zunächst die entscheidungsrelevanten Faktoren zu selektieren und zu verarbeiten. Sie können dieser Aufgabe nur gerecht werden, wenn Ihre Überlegungen und Ihr Handeln nach einem an den Feuerwehreinsatz angepassten Schema ablaufen.

Dieses Schema, der Denk- und Handlungsablauf, wird in der Führungslehre als Führungsvorgang bezeichnet. Das Grundmodell des Führungsvorgangs ist in der Feuerwehr-Dienstvorschrift 100 »Führung und Leitung im Einsatz« (FwDV 100) vorgegeben. Es beschreibt in allgemein gültiger Form die Phasen des Führungsvorgangs, wie sie bei jeder Art des Führens anzutreffen sind.

Diese Phasen sind:
- Lagefeststellung (Erkundung/Kontrolle),
- Planung, bestehend aus
    - Beurteilung und
    - Entschluss,
- Befehlsgebung.

3 Der Führungsvorgang

Entsprechend der Darstellung in ▶ Bild 3[1] ist der Führungsvorgang ein zielgerichteter, immer wiederkehrender und in sich geschlossener Denk- und Handlungsablauf (FwDV 100).

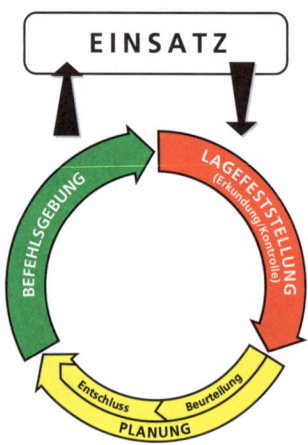

Bild 3: *Kreisschema des Führungsvorgangs nach FwDV 100*

Dieses Grundmodell, als **Kreisschema des Führungsvorgangs** bezeichnet, verdeutlicht, dass der Führungsvorgang bis zur Erfüllung des Einsatzauftrags mehrmals und ständig durchlaufen werden muss. Nur durch eine kontinuierliche Wiederholung mit dem Ziel einer intensivierten Erkundung und einer zwingend notwendigen Kontrolle der Durchführung

---

1 Vgl. Schläfer, H.: Das Taktikschema, Verlag W. Kohlhammer, Stuttgart, 1998 und Schröder, H. (Hrsg.): Führung im Einsatz, Projektionsfolien zur Einsatzlehre, Verlag W. Kohlhammer, Stuttgart, 1998 (vergriffen).

3 Der Führungsvorgang

sowie der Richtigkeit gegebener Befehle kann der Einsatzauftrag erfolgreich erfüllt werden. Sie müssen den Führungsvorgang als einen immer wiederkehrenden Denk- und Handlungsablauf verstehen und entsprechend abarbeiten. Dies ergibt sich aus der Eigendynamik des Schadenereignisses und aus der Lageänderung infolge ausgeführter Einsatzaufträge.

Da das Kreisschema den Führungsvorgang nur in einer allgemein gültigen Form beschreibt, benötigen Führungskräfte ein detaillierteres Modell, welches die Besonderheiten und die Erfordernisse des Feuerwehreinsatzes berücksichtigt. Ein solches Modell hat der Autor entwickelt und es als Ablaufplan des Führungsvorgangs bezeichnet.

Der **Ablaufplan des Führungsvorgangs** wird der Dynamik des Feuerwehreinsatzes gerecht und beschreibt praxisorientiert einen feuerwehrspezifischen Denk- und Handlungsablauf. Es ist ein leicht erlernbares Führungsmodell. Der Einsatzauftrag wird durch die Anwendung des Modells nicht nur nach Gefühl oder Erfahrung, sondern – der jeweiligen Einsatzlage angepasst – nach taktischen Kriterien ermittelt. Im Gegensatz zum Kreisschema des Führungsvorgangs werden die Gleichzeitigkeit von Vorgängen und Störungen, die Abweichungen von gesetzten Zielen und die logische und chronologische Folge des Führungsvorgangs entsprechend der tatsächlichen Einsatzpraxis erfasst und beschrieben. Das Modell entspringt den Überlegungen der Kybernetik.

4 Der Einsatzablauf am Ablaufplan des Führungsvorgangs dargestellt

Der Ablaufplan des Führungsvorgangs dient als »roter Faden« im Einsatzgeschehen. Voraussetzung ist hierfür, dass der Ablaufplan des Führungsvorgangs in der Ausbildung angewendet und trainiert wird, um auch unter der Stressbelastung des Einsatzes unwillkürlich abgearbeitet werden zu können. Der Ablaufplan ist in ▶ Bild 5 dargestellt.

Die benutzten graphischen Symbole nach DIN 66 001 bedeuten:

Beispiel:

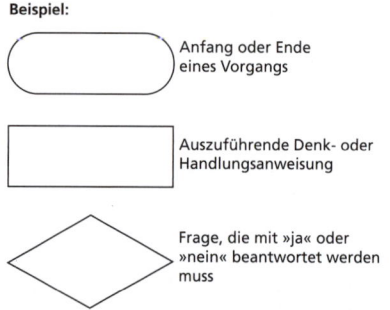

Bild 4: *Erläuterung der graphischen Symbole*

4 Der Ablaufplan des Führungsvorgangs

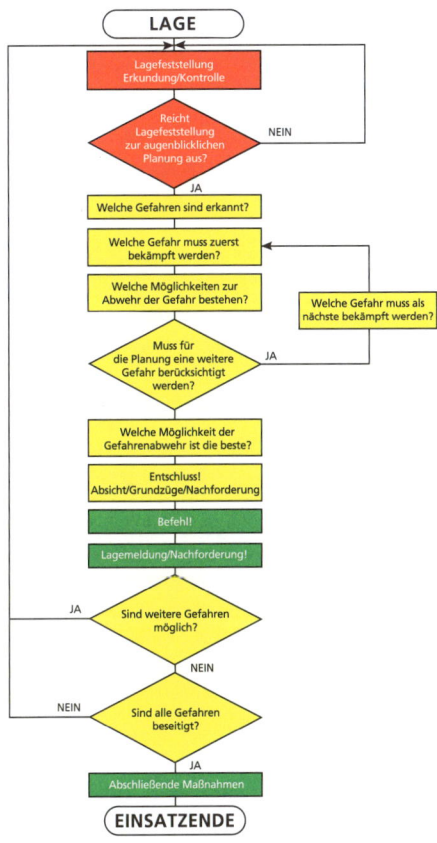

Bild 5: *Ablaufplan des Führungsvorgangs*

4 Der Ablaufplan des Führungsvorgangs

Die Reihenfolge, in der der Ablaufplan zu bearbeiten ist, ergibt sich aus den Verbindungslinien zwischen den einzelnen Symbolen.

Mit einem Fragezeichen »?« sind alle Elemente im Ablaufplan des Führungsvorgangs versehen, die als Denkprozess ablaufen. Wird ein Ausrufezeichen »!« benutzt, so handelt es sich um eine Tätigkeit zur Kommunikation und mit Wirkung auf andere Personen.

Nachfolgend wird der Einsatzablauf am Ablaufplan des Führungsvorgangs beschrieben. Die einzelnen Punkte werden ausführlich erläutert. Sie erhalten dabei wichtige Hinweise für Ihr Denken und Handeln im Einsatzgeschehen.

4.1 Die Lage

Jeder Einsatz stellt Sie als Führungskraft vor eine neue »Lage«. Im Feuerwehreinsatz weist jede Lage ihre Besonderheiten auf und verändert sich während des Einsatzes ständig. Sie müssen aus einer Vielzahl von Eindrücken und Informationen die einsatzrelevanten Faktoren selektieren und bewerten. Im Einsatz ist dies eine anspruchsvolle Aufgabe.

Im Feuerwehreinsatz wird die Lage unterteilt in:

- Allgemeine Lage,
- Schadenereignis/Gefahrenlage,
- Schadenabwehr/Gefahrenabwehr.

Die »allgemeine Lage« ist vorgegeben und steht mit dem Schadenereignis in aller Regel nicht in unmittelbarem Zusammenhang.

4.1 Die Lage

»Schadenereignis/Gefahrenlage« und die »Schadenabwehr/Gefahrenabwehr« sind sich widerstreitende Gegenpole. Durch eine möglichst optimale »Schadenabwehr« soll das »Schadenereignis« so verändert werden, dass keinerlei Gefährdung mehr vorliegt.

Die Möglichkeiten zur »Schadenabwehr« sind durch Zahl, Art, Gliederung und Verfügbarkeit von Einsatzkräften, Einsatz- und Führungsmitteln vorgegeben. Diese Punkte sollen Ihnen zu Beginn des Einsatzes bekannt sein.

Bild 6: *Die Lage – eine Darstellung der im Feuerwehreinsatz relevanten Faktoren*

4 Der Ablaufplan des Führungsvorgangs

Das »Schadenereignis« ist Ihnen zu Beginn des Einsatzes hingegen unbekannt. Aufgabe der ständig ablaufenden Lagefeststellung ist es, die Lageinformationen soweit zu vervollständigen, dass alle denkbaren einsatzrelevanten Aspekte überprüft sind. In ▶ Bild 6 ist die »Lage« einschließlich der feuerwehrspezifischen Faktoren graphisch dargestellt.

4.1.1 Allgemeine Lage

Die Allgemeine Lage können Sie im Einsatz nicht beeinflussen. Sie ist gegeben und sie gibt Randbedingungen vor, die sowohl den Schadenverlauf als auch die Möglichkeiten zur Schadenabwehr wesentlich beeinflussen.

»Welche Fragen sind für die Allgemeine Lage wesentlich?«

4.1.1.1 Ort

- Welche Anfahrzeit ergibt sich aufgrund der Entfernung zwischen Feuerwehrhaus/Feuerwache und Einsatzstelle und/oder aus der Verkehrsbelastung der zu benutzenden Straßen (auch in Abhängigkeit von der Tageszeit)?
- Wie ist das Gelände beschaffen, in dem sich die Einsatzstelle befindet (Ebene/Steigungen)?
- Welche Art der Löschwasserversorgung (abhängig/unabhängig) steht zur Verfügung?

4.1 Die Lage

- Welche Bauweise (geschlossene/offene) und Bebauung (Geschosszahl/Nutzung) hat das Gebiet, in dem sich die Einsatzstelle befindet?
- Wie ist die Erreichbarkeit des Einsatzobjekts (z. B. Wohnweg, Anfahr- und Aufstellfläche, Zustand der Straßen, Straßenbreite, An- und Abfahrmöglichkeiten auch für Rettungsdienstfahrzeuge, fehlende Straßenanbindung, z. B. bei Tunneleinsätzen, Wald- und Wiesenbränden, Zugunfällen)?
- Sind Schaulustige an der Einsatzstelle und wie verhalten sich diese?
- Sind in der Nachbarschaft besonders risikobehaftete Objekte vorhanden (z. B. Krankenhäuser, Hotels, Pflegeheime, Gefahrstofflager)?
- Können austretende Flüssigkeiten und/oder Löschmittel in das Grundwasser beziehungsweise in Vorfluter laufen oder ist ein Anschluss an ein Klärwerk, Auffangbecken oder an einen Ölabscheider vorhanden?

4.1.1.2 Zeit

- Muss mit gefährdeten Personen – auch unter Beachtung der Tageszeit – im Gebäude gerechnet werden? (Während beispielsweise nachts bei einem Einsatz in Wohngebäuden immer mit Personen gerechnet werden muss, kann man zur gleichen Zeit bei einem Einsatz in einem Werkstattgebäude

zunächst davon ausgehen, dass sich niemand im Gebäude aufhält.)
- Sind nach einer Alarmierung in kurzer Zeit genügend Einsatzkräfte verfügbar (z. B. Tageszeit, Urlaubszeit, Wochentag)?
- Müssen aufgrund der Tageszeit umfangreiche Beleuchtungsmaßnahmen durchgeführt werden?
- Wie lange wird der Einsatz voraussichtlich dauern (Ablösung, Verpflegung, Treibstoff)?

4.1.1.3 Wetter

- Besteht Frostgefahr (Glatteis, Eisbildung in Pumpen, in Schläuchen und in wasserführenden Armaturen)?
- Sind die Temperaturen so extrem, dass die Einsatzkräfte frühzeitig abgelöst werden müssen (Kälte, Wärme)?
- Muss aufgrund des Wetters an eine besondere Einsatzverpflegung gedacht werden (z. B. Warm- oder Kaltgetränke)?
- Wird die Brandausbreitung durch den Wind beeinflusst (z. B. Waldbrände)?

4.1 Die Lage

4.1.2 Schadenereignis/Gefahrenlage

4.1.2.1 Art, Umfang und Ursache des Schadens

Die Art des Schadens ist meist mit dem Alarmierungsstichwort identisch. Beispiele sind: Zimmerbrand, Geschossbrand, Dachstuhlbrand, Verkehrsunfall, Person im Aufzug, Gefahrstoffaustritt.

Entspricht die an der Einsatzstelle vorgefundenen Schadenart nicht dem Alarmierungsstichwort, so ist die Feuerwehrleitstelle hierüber durch eine Lagemeldung unverzüglich zu informieren. Die Feuerwehrleitstelle hat dann die Möglichkeit, anhand der Alarm- und Ausrückeordnung die Korrektheit und Vollständigkeit der ausgerückten Einsatzkräfte und -mittel nochmals zu überprüfen und gegebenenfalls gemäß den tatsächlich gegebenen Erfordernissen nachzualarmieren.

Die Schadenart allein gibt noch keine Auskunft über den Gefährdungsgrad und das Schadenausmaß. Informationen über den Umfang des Schadens sind wichtig. So genügt es nicht nur festzustellen, dass es im Treppenraum brennt. Wichtig ist auch genau zu wissen, auf welche Geschosse sich der Brand bereits ausgebreitet hat.

Die Ursache des Schadens ist für den Einsatzablauf meist ohne Bedeutung. Typische Ausnahmen sind Gasexplosionen. In diesen Fällen muss mit hoher Wahrscheinlichkeit davon ausgegangen werden, dass noch Gas austritt. Vor dem Löschen des Brandes muss daher sichergestellt werden, dass die Gaszufuhr abgestellt ist.

Bezüglich der Schadenursache müssen Sie sich als Führungskraft Ihrer Pflicht bewusst sein, bei der Schadenursachenermittlung die Polizei soweit nur irgend möglich zu unterstützen. Spuren sollten daher möglichst gesichert und ebenso wie festgestellte Auffälligkeiten der Polizei gemeldet werden.

4.1.2.2 Art, Material und Konstruktion des Schadenobjekts

Art, Material und Konstruktion des Schadenobjekts geben wichtige Hinweise auf bestehende und noch zu erwartende Gefahren.

Der Begriff »Art des Schadenobjekts« steht bei Gebäuden für die Nutzung (z. B. Wohnhaus, Geschäftshaus, Lagerhalle, Hotel, Werkstatt, Krankenhaus). Bei anderen Objekten ist »Art« gleichbedeutend mit der »Art des Objekts« (z. B. Personenkraftwagen, Tankkraftwagen, Personenaufzug, Militärflugzeug, Flüssiggasbehälter).

Das Material des Schadenobjekts gibt Auskunft über das Brandverhalten (z. B. Brandklasse, Art und Menge entstehender Brandgase und Brandrauch), die Festigkeit der Baustoffe und die Standsicherheit des Gebäudes oder Bauteils.

In Verbindung mit Kenntnissen über die Konstruktion lassen sich die weitere Entwicklung eines Brandes und die statischen Reaktionen des Gesamtobjektes infolge mechanischer und thermischer Einwirkungen abschätzen.

4.1 Die Lage

Neben den Baulichkeiten, den Baumaterialien und der Konstruktion sind in der Einsatztaktik folgende Punkte zu beachten:

- Wo sind Brandabschnitte und wo sind Brandwände vorhanden?
- Wo sind Wand- und Deckendurchbrüche?
- Gibt es abgehängte Decken und Doppelböden?
- Wie sind die Treppenräume gestaltet (z. B. Holz-, Stahl- oder Stahlbetontreppe; öffenbare Fenster; Rauchabzugsvorrichtung; Verbindung vom Treppenraum zur Wohnung; Anzahl der direkt am Treppenraum angeschlossenen Nutzungseinheiten)?
- Welche Bedachung hat das Objekt (weiche oder harte Bedachung)?
- Welche Brandschutzeinrichtungen (z. B. Steigleitungen (trocken oder nass), Wandhydranten, Sprinkleranlagen) sind vorhanden?
- Wie »sieht« der zweite Rettungsweg aus (z. B. Treppe, anleiterbare Fenster)?
- Wo sind Anleiterstellen und Aufstellflächen für Rettungsgeräte?
- Wo sind Angriffswege und Fluchtwege?

4.1.2.3 Anzahl und Zustand betroffener Personen

Die Frage nach der Gefährdung von Menschen ist bei jedem Einsatz besonders wichtig. Dies kommt bereits in den Grundsätzen der Einsatztaktik (▶ Kapitel 1) zum Ausdruck. Dort heißt es:

»Menschenrettung und Schutz von Menschen haben Vorrang!« Sie müssen als Führungskraft sehr sorgfältig die Frage nach einer Gefährdung von Menschen beantworten. Im Einzelnen sind folgende Punkte zu beachten:

Sind Personen gefährdet?

Diese Frage lässt sich nicht immer eindeutig und abschließend beantworten. Sie stehen im Einsatz oft vor der Situation, dass Sie gefährdete Personen nicht sehen oder hören, sondern von Vermutungen oder Wahrscheinlichkeiten ausgehen müssen. Dies kann soweit führen, dass allein aus der Nutzung des Gebäudes und unter Beachtung der Tageszeit eine Gefahr für Personen berücksichtigt werden muss.

> **Beispiel:**
>
> *Lage A* – Wohnungsbrand im Erdgeschoss eines Einfamilienhauses, Einsatzzeit: 4.30 Uhr nachts, Personen sind von außen nicht zu sehen.
>
> Schlussfolgerung:
>
> Sie müssen bei der gegebenen Nutzung und der Einsatzzeit in der Nacht davon ausgehen, dass sich Personen im brennenden Gebäude aufhalten und den Brand noch nicht bemerkt haben oder sogar infolge der Atemgifte im Brandrauch schon nicht mehr bei Bewusstsein sind.
>
> *Lage B* – Wohnungsbrand im Erdgeschoss eines Einfamilienhauses, Einsatzzeit: 15.30 Uhr nachmittags, Personen sind von außen nicht zu sehen.
>
> Schlussfolgerung:
>
> Sie können bei der gegebenen Nutzung und der Uhrzeit (tagsüber) zunächst davon ausgehen, dass sich keine Personen im brennenden Gebäude aufhalten. Diese hätten sehr wahrscheinlich das Gebäude bereits verlassen oder sich zumindest bemerkbar gemacht.

4.1 Die Lage

> Lage B unterscheidet sich von Lage A nur durch die Uhrzeit beziehungsweise die Tageszeit. Zu Beginn des Einsatzes ist bei Lage B davon auszugehen, dass sich keine Personen im Gebäude aufhalten. Diese hätten mit hoher Wahrscheinlichkeit zu dieser Uhrzeit (tagsüber) den Brand bemerkt und wären ans Fenster oder ins Freie gelaufen.
> In Lage A – also nachts – ist die Wahrscheinlichkeit, dass sich Personen im Gebäude aufhalten, sehr hoch einzustufen. Die Tatsache, dass es sich um ein Wohngebäude handelt und dass der Einsatz nachts abläuft, ist als konkreter Hinweis zu werten.
> In Lage B – also tagsüber – ist die Wahrscheinlichkeit hingegen gering. Nach menschlichem Ermessen kann davon ausgegangen werden, dass tagsüber Personen den Brand bemerkt und an den Fenstern auf sich aufmerksam gemacht hätten. Dennoch müssen Sie im Laufe des Einsatzes möglichst früh das Gebäude nach Menschen absuchen lassen.
> Die bei einem Wohngebäude stets vorhandene Möglichkeit, dass sich in diesem Personen aufhalten, ist in der Anfangsphase des Einsatzes tagsüber nicht als konkreter Hinweis zu werten. Die Wahrscheinlichkeit ist hierfür so gering, dass dieses Risiko in Anbetracht des Wohnungsbrandes und der damit verbundenen umfangreichen Einsatzaufgaben getragen werden kann.

Diese Überlegungen gelten so lange, bis sich die Brisanz der Schadenlage entspannt hat oder ausreichend Einsatzkräfte an der Einsatzstelle verfügbar sind. Dann ist ein Gebäude im weiteren Einsatzverlauf immer nach Menschen abzusuchen. Das Risiko wird zudem merklich reduziert, wenn folgender Grundsatz beachtet wird:

4 Der Ablaufplan des Führungsvorgangs

> **Merke:**
> Zur Brandbekämpfung wird das erste Rohr im Innenangriff in der Regel immer über den Eingangsbereich/Treppenraum vorgenommen!

Damit wird sichergestellt, dass beginnend beim Eingangsbereich, über den Treppenraum und den Flur bis hin zum Brandraum der wahrscheinliche Fluchtweg von Personen aus einem Gebäude kontrolliert wird.

> **Merke:**
> Der Treppenraum soll auch ohne begründeten Verdacht einer Gefahr für Personen sofort rauchfrei gemacht und nach gefährdeten Personen abgesucht werden!

> **Merke:**
> Sobald der geringste Hinweis auf eine Gefahr für Menschen vorliegt, müssen Sie dies bei der weiteren Einsatzplanung berücksichtigen. Fehlen solche Hinweise, so können Sie zumindest zu Beginn des Einsatzes annehmen, dass keine Menschen gefährdet sind.
> Aber: Im weiteren Einsatzverlauf sind alle Objekte möglichst früh nach Menschen abzusuchen und alle Räume zu kontrollieren!

Wie viele Personen sind gefährdet?

Die Anzahl der gefährdeten Personen beeinflusst die Möglichkeiten der Gefahrenabwehr. Sind wenige Personen gefährdet, so werden die Personen immer möglichst aus dem Gebäude gerettet (Menschenrettung). Sind viele Personen gefährdet, so ist eine Menschenrettung meist mit hohem Kräfte-, Geräte-

4.1 Die Lage

und Zeiteinsatz verbunden. Die Möglichkeit »Schutz von Menschen« (Fernhalten der Gefahr von den Personen, z. B. durch Abriegeln) gewinnt daher – zumindest als gleichzeitig ablaufende Maßnahme – mit steigender Anzahl gefährdeter Personen an Bedeutung.

Weitere wichtige Überlegungen bezüglich Gefahren für Menschen sind:
- Wo befinden sich die Personen?
- Können die Personen das Objekt eigenständig beziehungsweise selbstständig verlassen?
- Stehen die Personen an den Fenstern?
- Befinden sich alle Personen am gleichen Ort?
- Wie kann ich zu den Personen gelangen (Weg, Mittel)?
- Wie kann ich die Personen retten beziehungsweise schützen (Weg, Mittel)?
- Sind die Personen verletzt und welche Verletzungen liegen vor?
- Liegt bei den Personen ein akuter lebensbedrohlicher Zustand vor, der sofort behandelt werden muss?
- Befinden sich Personen im Gebäude, die einer besonderen Warnung, Information oder Hilfe bedürfen?

4.1.3 Schadenabwehr/Gefahrenabwehr

4.1.3.1 Leistungsfähigkeit, Anzahl und Gliederung der Kräfte

Die Leistungsfähigkeit der Einsatzkräfte wird wesentlich durch ihre Ausbildung bestimmt. Alle Feuerwehrangehörigen müssen eine Truppmannausbildung nach Feuerwehr-Dienstvorschrift 2

4 Der Ablaufplan des Führungsvorgangs

»Ausbildung der Freiwilligen Feuerwehren« (FwDV 2) absolvieren. Durch regelmäßige Teilnahme am Ausbildungs- und Übungsdienst muss der Ausbildungsstand ständig erweitert und aktualisiert werden. Die weiterführenden Lehrgänge zum Truppführer, Sprechfunker und Atemschutzgeräteträger vermitteln das Wissen und die Fähigkeiten, die von einem universell einsetzbaren Feuerwehrangehörigen heute beherrscht werden müssen. Jeder Feuerwehrangehörige sollte auch diese Lehrgänge absolvieren.

Die Leistungsfähigkeit wird aber auch von der körperlichen Fitness, der Persönlichkeit, der Einsatzerfahrung und der beruflichen Vorbildung des einzelnen Feuerwehrangehörigen bestimmt. Sie sollten dies als Führungskraft bei der Zuordnung von Einsatzaufträgen berücksichtigen, wenn diese mit einer besonderen Gefährdung oder mit einer besonderen Fähigkeit verbunden sind.

Die Anzahl der verfügbaren Einsatzkräfte bestimmt wesentlich den Einsatzwert der Einheit.

Die Gliederung der Einsatzkräfte ergibt sich aus der FwDV 3 »Einheiten im Lösch- und Hilfeleistungseinsatz«. Demnach sind taktische Einheiten:

- der Selbstständige Trupp, bestehend aus der Truppführerin oder dem Truppführer und weiteren zwei Feuerwehrangehörigen (1/2/_3_),
- die Staffel, bestehend aus der Staffelführerin oder dem Staffelführer und weiteren fünf Feuerwehrangehörigen (1/5/_6_),
- die Gruppe, bestehend aus der Gruppenführerin oder dem Gruppenführer und weiteren acht Feuerwehrangehörigen (1/8/_9_),

4.1 Die Lage

- der Zug, bestehend aus der Zugführerin oder dem Zugführer mit Zugtrupp (1/1/2) und aus Gruppen, Staffeln und/oder Selbstständigen Trupps. Der Zug hat in der Regel eine Mannschaftsstärke von 22 Einsatzkräften. Für besondere Aufgaben kann die Mannschaft beziehungsweise der Zug um einen Trupp, eine Staffel oder eine Gruppe erweitert werden.

Die Ausbildung zum Gruppen-, Staffel- und Truppführer eines Selbstständigen Trupps erfolgt durch den Lehrgang »Gruppenführer« nach FwDV 2. Für sie alle ist die Qualifikation als Gruppenführer erforderlich. Diese drei Einheitsführer stehen in der Führungsorganisation auf gleicher Führungsebene.

Der Zug bildet die nächsthöhere Führungsebene. Zum Zug gehören zwei Gruppen. Dabei kann eine oder können aber auch beide Gruppen in die Einheiten Staffel und Selbstständiger Trupp weiter aufgeteilt sein.

Bei größeren Schadenlagen werden die Führungsebenen Einsatzabschnittsleiter und Unterabschnittsleiter eingeführt. Die Führungsorganisation ist nach landesrechtlichen Vorgaben und nach der FwDV 100 »Führung und Leitung im Einsatz« festgelegt.

4.1.3.2 Art und Umfang der Einsatzmittel

Was die Einsatzkräfte letztendlich zu leisten in der Lage sind, hängt auch von Art und Anzahl der verfügbaren Einsatzmittel ab. Als »verfügbar« gelten Einsatzmittel, die

- bereits an der Einsatzstelle eingetroffen sind,
- sich auf der Anfahrt dorthin befinden oder
- die nachgefordert werden können.

Im Fall der Nachforderung müssen Sie den Zeitbedarf von der Nachforderung bis zum Eintreffen an der Einsatzstelle berücksichtigen. Frühzeitiges Nachfordern ist zwingend notwendig. In der Regel werden keine Einzelgeräte, sondern immer komplette Einsatzfahrzeuge einschließlich der zugehörigen Mannschaft nachgefordert.

Fahrzeuge
Die Löschgruppenfahrzeuge (LF) und die Hilfeleistungs-Löschgruppenfahrzeuge (HLF) sind die Standard-Fahrzeuge für eine Gruppe (1/8). Insbesondere zur Brandbekämpfung verfügen die Feuerwehren darüber hinaus auch über Löschfahrzeuge mit Staffelbesatzung (1/5), wie das Tragkraftspritzenfahrzeug (TSF), das Kleinlöschfahrzeug (KLF) und das Mittlere Löschfahrzeug (MLF) sowie über Löschfahrzeuge mit Truppbesatzung (1/2), wie die Tanklöschfahrzeuge (TLF).

Die Löschfahrzeuge verfügen über eine Feuerlöschkreiselpumpe sowie eine feuerwehrtechnische Beladung zur Brandbekämpfung und zur Technischen Hilfeleistung. Die Feuerlöschkreiselpumpe ist bei den Löschfahrzeugen – mit Ausnahme der TSF und KLF – fest eingebaut und wird vom Fahrzeugmotor angetrieben. Die Bezeichnung der fest eingebauten Feuerlöschkreiselpumpen lautet nach Norm FPN (FP = Feuerlöschkreiselpumpe, N = Normaldruck) dahinter wird in zwei Zahlen mit einem Bindestrich getrennt der Nennförderdruck in bar und der Nennförderstrom in Liter/Minute

4.1 Die Lage

(l/min) angegeben; Beispiel: FPN 10-1000. Die TSF und das KLF verfügen über entnehmbare und somit mobile Tragkraftspritzen. Sie werden gemäß europäischer Normung als PFPN bezeichnet, wobei das erste P für portabel oder portable (engl.) steht.

Aufgrund unterschiedlicher Besatzung, Beladung sowie der mitgeführten Löschmittel haben die Feuerwehrfahrzeuge einen unterschiedlichen taktischen Einsatzwert.

Der taktische Einsatzwert eines Feuerwehrfahrzeugs ergibt sich aus dem Vergleich der durch das Fahrzeug und dessen Beladung gegebenen Einsatzmöglichkeiten mit den sich aus der Schaden- beziehungsweise der Gefahrenlage ergebenden Einsatznotwendigkeiten. Der taktische Einsatzwert drückt somit aus, inwieweit aufgrund der vorhandenen Einsatzmittel bei einem speziellen Schadenereignis effektive Hilfe geleistet werden kann.

»Welche Fahrzeuge sind für welche Einsatzaufgaben vorgesehen?«
Bei den Feuerwehren gibt es eine Vielzahl unterschiedlicher Löschfahrzeuge. Über die Jahre wurden durch Normung auch immer wieder die Bezeichnungen der Löschfahrzeuge verändert und die feuerwehrtechnische Beladung sowie die mitgeführte Löschwassermenge angepasst. So gibt es bei vielen Feuerwehren Feuerwehrfahrzeuge, die ehemals genormt waren, dies aber heute nicht mehr sind, beispielsweise LF 8, LF 8/6, LF 16-TS, TLF 16/24-Tr u. v. m. Die nachfolgenden Ausführungen beziehen sich auf die aktuell genormten Fahrzeugtypen (▶ Tabelle 1).

Das LF 10, das LF 20 und das LF 20 KatS sind für die Brandbekämpfung, die Wasserförderung und die Durchführung einfacher Technischer Hilfeleistung vorgesehen. Das

HLF 10 und das HLF 20 sind für die Brandbekämpfung und für die Durchführung Technischer Hilfeleistung vorgesehen.

Die Tanklöschfahrzeuge TLF 2000, TLF 3000 und TLF 4000 dienen der Brandbekämpfung und sind aufgrund des Löschwasservorrats vornehmlich zur Vornahme eines Schnellangriffs und zur Versorgung von Einsatzstellen mit Löschwasser konzipiert.

Das TSF, das TSF-W, das KLF und das MLF dienen überwiegend der Brandbekämpfung.

Sie müssen als Führungskraft den Einsatzwert der in Ihrer Feuerwehr vorhandenen Löschfahrzeuge genau kennen. Machen Sie sich mit deren Einsatzmöglichkeiten aufgrund der mitgeführten Geräte und Löschmittel genau vertraut (▶ Tabelle 2 dient Ihnen dazu als Hilfestellung). Für die anderen, in Ihrer Feuerwehr nicht vorhandenen Löschfahrzeuge, sollten Sie aber auch zumindest grob deren einsatztaktischen Wert und deren Einsatzfähigkeiten kennen. Dies ist beispielsweise bei einem gemeindeübergreifenden Einsatz und bei Nachforderungen wichtig.

Nachfolgend sind in ▶ Tabelle 1 die genormten Fahrzeuge mit deren grundsätzlichen einsatztaktisch relevanten Merkmale aufgelistet.

Info:

Die jeweils aktuell genormten Löschfahrzeuge veröffentlicht der DIN-Normenausschuss Feuerwehrwesen (FNFW) als DIN-FNFW-Feuerwehrfahrzeug-Typenliste mit einer komprimierten Gesamtübersicht der Feuerwehrfahrzeugnormung. Sie ist zum freien Download auf der Internetseite des DIN-Normenausschusses Feuerwehrwesen (www.din.de/go/fnfw) bereitgestellt.

4.1 Die Lage

Tabelle 1: *Übersicht über den einsatztaktischen Wert der aktuell genormten Löschfahrzeuge (Quelle: Feuerwehrfahrzeug-Typenliste des DIN-Normenausschusses Feuerwehrwesen vom 26. Oktober 2023)*

Fahrzeug	TSF	TSF-W	KLF	MLF	LF 10	HLF 10	LF 20	HLF 20	LF 20 KatS	TLF 2000	TLF 3000	TLF 4000
Besatzung	1/5	1/5	1/5	1/5	1/8	1/8	1/8	1/8	1/8	1/2	1/2	1/2
Mindestlöschwasserinhalt in Liter	–	500 bis 750[1)]	500	600 bis 1 000	1 200	1 000	2 000	1 600	1 000	2 000	3 000	4 000 + 500 l Schaummittel
Pumpenart	PFPN 10-1000	PFPN 10-1000	PFPN 10-1000	FPN 10-1000	FPN 10-1000	FPN 10-1000	FPN 10-2000	FPN 10-2000	FPN 10-2000	FPN 10-1000	FPN 10-2000	FPN 10-2000
Hauptaufgabe	Brandbekämpfung	Brandbekämpfung	Brandbekämpfung	Brandbekämpfung	Brandbekämpfung und einfache Techn. Hilfe	Brandbekämpfung und Techn. Hilfe	Brandbekämpfung und einfache Techn. Hilfe	Brandbekämpfung und Techn. Hilfe	Brandbekämpfung und einfache Techn. Hilfe	Brandbekämpfung	Brandbekämpfung	Brandbekämpfung

4 Der Ablaufplan des Führungsvorgangs

Tabelle 2: *Arbeitsblatt zum Eintragen einsatztaktisch relevanter Ausstattung und Beladung der in Ihrer Feuerwehr vorhandenen Löschfahrzeuge*

Fahrzeug									Hinweise
Besatzung									Anzahl der Kräfte bspw. 1/8
Mindestens Löschwasserinhalt in Liter									
Pumpenart									FPN oder PFPN bspw.: FPN 10-1000
Zusätzliche tragbare FP (Tragkraftspritze)									bspw.: PFPN 10-1000
Steckleiterteile									Anzahl der Leiterteile
Multifunktionsleiter(n)									Anzahl
Schiebleiter (3-teilig)									Anzahl
Klappleiter									Anzahl
Sprungrettungsgerät									z. B. Sprungpolster
Pressluftatmer									Anzahl

4.1 Die Lage

Tabelle 2: *Arbeitsblatt zum Eintragen einsatztaktisch relevanter Ausstattung und Beladung der in Ihrer Feuerwehr vorhandenen Löschfahrzeuge – Fortsetzung*

Fahrzeug	Hinweise
Notfallrucksack	Anzahl
B-Druckschläuche (20 m)	Anzahl
C-Druckschläuche (15 m)	Anzahl
C-/B-Strahlrohre	Anzahl, bspw.: 3/1
M4-/S4-Schaumrohre	Anzahl, bspw.: 1/1
Schaummittel	Liter
Schnellangriffseinrichtung, bzw. Einrichtung zur schnellen Wasserabgabe	Art angeben: C- oder D-Schlauch 15 m oder formstabiler Schlauch DN und Länge
Löschrucksack	Anzahl
Kübelspritze	Anzahl
Feuerlöscher	Anzahl, Art (Bezeichnung)

4 Der Ablaufplan des Führungsvorgangs

Tabelle 2: *Arbeitsblatt zum Eintragen einsatztaktisch relevanter Ausstattung und Beladung der in Ihrer Feuerwehr vorhandenen Löschfahrzeuge – Fortsetzung*

Fahrzeug				Hinweise
Stromerzeuger				tragbar oder eingebaut kVA-Angabe
Beleuchtungsgerät				Anzahl und Art Leuchtmittel
Tauchpumpe				Anzahl
Motorkettensäge				Anzahl
Trennschleifmaschine				Anzahl
Rettungsspreizer				Anzahl, ggf. Bezeichnung
Schneidgerät				Anzahl, ggf. Bezeichnung
Rettungszylinder				Anzahl, ggf. Bezeichnung
Hebekissen/Luftheber				Anzahl, ggf. Bezeichnung
Zugeinrichtung				Anzahl, ggf. Bezeichnung
Feuerpatsche				Anzahl
Wärmebildkamera				Anzahl, ggf. Bezeichnung

4.1 Die Lage

Tabelle 2: *Arbeitsblatt zum Eintragen einsatztaktisch relevanter Ausstattung und Beladung der in Ihrer Feuerwehr vorhandenen Löschfahrzeuge – Fortsetzung*

Fahrzeug			Hinweise
Schornsteinfegerwerkzeug			
Handwerkzeugkasten			
Funksprechgeräte MRT/HRT			Anzahl

4 Der Ablaufplan des Führungsvorgangs

Für den Löscheinsatz sind nicht nur die Fahrzeuge und Geräte, sondern auch die verfügbaren Löschmittel von großer Bedeutung.

Löschwasserbehälter
Wichtig und einsatzrelevant ist bei Löschfahrzeugen, ob diese über einen Löschwasserbehälter verfügen.

Bei Löschfahrzeugen mit eingebautem Löschwasserbehälter wird bei Löscheinsätzen dieser Löschwasserbehälter als »Puffer« genutzt. Dazu wird die Wasserversorgung zuerst zwischen Fahrzeug und Verteiler und erst danach zwischen Fahrzeug und Wasserentnahmestelle hergestellt.

Der Zeitraum vom Eintreffen an der Einsatzstelle bis zur Wasserabgabe wird dadurch erheblich verringert und die Wasserabgabe am Strahlrohr erfolgt früher.

Löschwasserentnahme
In bebauten Gebieten steht für den Einsatz einer Gruppe Löschwasser aus einer abhängigen Löschwasserversorgung zur Verfügung.

Gemäß den Vorgaben des DVGW-Arbeitsblattes W 405 ist in der Regel eine Wasserleistung von 800 l/min bis 1 600 l/min (Faustwert) vorgesehen, abhängig von der baulichen Nutzung und der Brandausbreitungsgefahr.

Hydranten sollen in einem Abstand von höchstens 80 Metern bis 100 Metern eingebaut sein.

Falls mehrere Gruppen aus dem gleichen Rohrnetz Löschwasser entnehmen, muss insbesondere aus wasserhygienischen Gründen beachtet werden, dass die Kapazitätsgrenze des Rohrleitungsnetzes schnell überschritten werden kann. Es gilt frühzeitig an den Aufbau einer Wasserförderstrecke zu denken.

Bemerkung:

In dem Kapitel »Lage« wurden ausführlich die Faktoren beschrieben, die im Einsatz von Bedeutung sind. Sie müssen sich als Führungskraft aber stets bewusst sein, dass nicht immer alle Faktoren relevant sind. Wesentliches von Unwesentlichem zu unterscheiden, ist Ihre Aufgabe. Ferner ist auch wichtig zu erkennen, dass sich die Lage ständig ändert. Die Lage wird beeinflusst durch

- die Eigendynamik des Schadenereignisses/der Gefahrenlage,
- die Auswirkungen der Einsatzmaßnahmen,
- die Veränderung des Lagebildes infolge neuer Lageinformationen als Ergebnis einer ständig fortlaufenden Lagefeststellung.

Merke:

Für den Taktiker ist die »Lage« somit kein objektiv bewertbarer Sachverhalt. »Lage« bedeutet vielmehr: die Gesamtheit subjektiv erfasster Erkenntnisse, die sich mit fortschreitender Lagefeststellung verfestigen und die sich währenddessen aber auch verändern können.

Werden die Einsatzmaßnahmen nach Einsatzende bewertet, muss diese Abhängigkeit berücksichtigt werden. Eine faire und objektive Bewertung der getroffenen Maßnahmen ist nur möglich, wenn man weiß, welche Lageinformationen der Führungskraft zum Zeitpunkt ihres Entschlusses bekannt wa-

4 Der Ablaufplan des Führungsvorgangs

ren. Falsch und unfair ist es, die Maßnahmen im Nachhinein zu kritisieren und dabei zu »vergessen«, dass zum Zeitpunkt der Entscheidung noch längst nicht alle Informationen vorhanden waren. Die Gesamtlage kann immer nur nach Abschluss eines Einsatzes objektiv bewertet werden.

Testen Sie Ihr Wissen!
Welche Aussage ist richtig (r)? Welche Aussage ist falsch (f)?
- a) Die Lage muss Ihnen als Führungskraft bereits zu Beginn des Einsatzes vollumfänglich bekannt sein. ( )
- b) Die notwendigen Einsatzmaßnahmen können von der Tageszeit abhängen. ( )
- c) Menschenrettung und Schutz von Menschen haben immer Vorrang. ( )
- d) Je mehr Menschen bei einem Einsatz gefährdet sind, umso mehr ist auch die Möglichkeit »Schutz von Menschen« im Vergleich zur »Menschenrettung« eine denkbare Alternative der Gefahrenabwehr. ( )
- e) Der Zug besteht aus Zugtrupp und aus vier Gruppen. ( )
- f) Bei jedem Brandeinsatz muss das Gebäude nach Personen abgesucht werden. Dies gilt auch dann, wenn keine Hinweise vorliegen. Der Zeitpunkt ist von der jeweiligen Lageentwicklung abhängig. ( )
- g) Bei einem Brandeinsatz wird in der Regel sofort das erste Rohr über den Treppenraum beziehungsweise den Eingangsbereich ins Gebäude vorgenommen. ( )

Lösung auf Seite 138.

4.2 Lagefeststellung

Der Führungsvorgang beginnt mit der Lagefeststellung. Sie beschaffen sich hierbei Informationen über das Schadenereignis beziehungsweise die Gefahrenlage und über die allgemeine Lage durch:

- eigene Erkundung,
- Einsatzbefehle übergeordneter Führungskräfte,
- Meldungen, Feststellungen und Berichte von Einsatzkräften, sonstigen fachkundigen Personen sowie ggf. anderen an der Einsatzstelle anwesenden Personen,
- Einsatzunterlagen, wie beispielsweise Feuerwehrpläne, Einsatzpläne, Karten, Nachschlagewerke,
- Informationssysteme, wie beispielsweise Gefahrstoffdatenbanken, Auskunftssysteme (z. B. Transport-Unfall-Informations- und Hilfeleistungssystem der chemischen Industrie TUIS).

Die Erkundung ist vor allem in der Ersteinsatzphase ein wichtiges Mittel zur Informationsgewinnung. Nur eine richtig und ausreichend umfangreich durchgeführte Erkundung bietet die Voraussetzung für eine optimale Einsatzplanung. Jede Führungskraft muss diesen Teil des Führungsvorgangs sicher beherrschen.

4 Der Ablaufplan des Führungsvorgangs

Die Erkundung ist in vier zeitlich nacheinander ablaufende Phasen aufgeteilt:
1. Frontalansicht des Schadenobjekts,
2. Befragung »beteiligter« Personen,
3. Vorgehen in den Eingangsbereich/Treppenraum bei Gebäuden oder Blick in das Innere von Objekten (z. B. Fahrzeuginnenraum),
4. Herumgehen um das Schadenobjekt.

In jeder der vier Phasen der Erkundung wirken auf Sie zahlreiche Eindrücke ein. Sie müssen lernen, die einsatzrelevanten Fakten zu erkennen.
Im Einzelnen ist Folgendes zu beachten:

4.2.1 Frontalansicht des Schadenobjekts

- Sind Personen gefährdet und wenn ja, wie viele und wo halten sich diese auf?
- Gefährdete Personen durch Zuruf beruhigen!

Brandeinsatz
- In welchem Geschoss brennt es?
- Besteht die Gefahr der Brandausbreitung, z. B. durch Brandüberschlag, durch offene Durchbrüche und Rohrleitungen und über Wärmebrücken?
- Was brennt?

Technischer Rettungseinsatz
- Besteht Brand- oder Explosionsgefahr?

4.2 Lagefeststellung

- Kann sich die Schadenlage/Gefahrenlage durch unkontrollierte Bewegungen des Schadenobjekts unter Umständen weiter verschlechtern, beispielsweise durch Abrutschen eines Fahrzeugs?

Gefahrstoffeinsatz

- Welche Kennzeichnungen für Gefahrstoffe sind erkennbar?
- Sind Datenblätter über den Gefahrstoff vorhanden?
- Tritt der Gefahrstoff aus und in welchem Bereich wirkt er?

4.2.2 Befragung »beteiligter« Personen

- Befinden sich Personen im Gebäude?
- Wie viele Personen halten sich im Gebäude auf und in welchen Geschossen befinden sich diese Personen?

4.2.3 Vorgehen in den Eingangsbereich/ Treppenraum bei Gebäuden oder Blick in das Innere von Objekten (z. B. Fahrzeuginnenraum)

Brandeinsatz

- Ist der Treppenraum verraucht oder gar schon selbst in Brand geraten?

- Bei der Erkundung ohne Pressluftatmer nur bis zur Rauchgrenze vorgehen!
- Als erster Angriffstrupp nicht über das Brandgeschoss hinaus vorgehen.
- Auf dem Rückweg von der Erkundung beachten, dass die Eingangstür nicht »zuschlägt«; gegebenenfalls Keil unterlegen!

Technischer Rettungseinsatz

- Sind bei Verkehrsunfällen an der Windschutzscheibe Blutflecken oder andere Anzeichen vorhanden, die auf einen Aufprall der Fahrzeuginsassen hindeuten? Falls ja, entsprechenden Hinweis an den Rettungsdienst geben.

4.2.4 Herumgehen um das Schadenobjekt

Die vier Erkundungsphasen sind bei jedem Einsatz in der angegebenen Reihenfolge zu durchlaufen. Nach jeder Phase muss von neuem entschieden werden, ob die gewonnenen Informationen zur Einsatzplanung und zur Befehlsgabe schon ausreichen, um den ersten Einsatzbefehl geben zu können. Dies ist oft schwer zu beantworten. Es spiegelt sich darin das Problem wider, dass die ersten Einsatzbefehle sehr schnell gegeben werden müssen, obwohl noch keine umfassenden Erkenntnisse über das Schadenereignis/Gefahrenlage vorliegen.

Im Ablaufplan des Führungsvorgangs wird dies durch die Beantwortung der Frage: »Reicht Lagefeststellung zur augen-

4.2 Lagefeststellung

blicklichen Planung aus?« entschieden. Das Wort »augenblicklich« soll verdeutlichen, dass die Erkundung beim nachfolgenden Durchlauf des Führungsvorgangs fortgesetzt werden muss.

Merke:
Kann beim Eintreffen an der Einsatzstelle die Lage aufgrund der Frontalansicht (Phase 1 der Erkundung) noch nicht beurteilt werden, empfiehlt es sich bei einem Löscheinsatz den »Einsatz mit Bereitstellung« (siehe FwDV 3) durchzuführen.

Hierzu werden die »Wasserentnahmestelle« und die »Lage des Verteilers« befohlen und dann wird weiter erkundet. Die Gruppe beginnt mit dem Aufbau eines Löschangriffs, ohne dass der Einsatzauftrag erteilt worden ist. Der Angriffstrupp rüstet sich vollständig (einschließlich Pressluftatmer) aus und meldet »Angriffstrupp einsatzbereit«. Damit wird Zeit gewonnen; zum einen zur Lagefeststellung und zum anderen wird die Zeitdauer zwischen erstem Befehl und den ersten wirkungsvollen Einsatzmaßnahmen verringert.

Praxis-Tipp:
Bei Ihrer Erkundung können Sie oft schon mit einfachen Mitteln Gefahren beseitigen oder vermeiden. Hierzu gehört beispielsweise, dass Sie
- durch das Schließen von Türen eine unnötige Rauchausbreitung verhindern,
- in Treppenräumen mit einer Rauchabzugsvorrichtung diese vom Erdgeschoss aus einfach auslösen und damit entstehenden Brandrauch aus dem Treppenraum abführen,

4 Der Ablaufplan des Führungsvorgangs

- beim Erkunden in Treppenräumen spätestens ein Geschoss unterhalb des Brandgeschosses das Treppenraumfenster öffnen, um den Treppenraum möglichst rauchfrei zu halten.

Praxis-Tipp:

Beim Erkunden in weitläufigen Gebäuden, wie in Tiefgaragen oder in unterirdischen Bahnhöfen beziehungsweise Verkehrsanlagen, besteht für die Einsatzkraft die Gefahr, dass sie auf dem Rückweg keine Orientierung mehr hat und den Ausgang nicht findet. Gewöhnen Sie sich daher an, beim Vorgehen in ein Ihnen unbekanntes Gebäude spätestens bei jeder Änderung der Laufrichtung und an markanten Stellen, einen Blick nach hinten zu richten. Dies hilft Ihnen, sich auf dem Rückweg besser orientieren zu können. Gewöhnen Sie sich dieses vorausschauende Verhalten auch im Alltag an; beispielsweise beim Parken in Tiefgaragen.

Testen Sie Ihr Wissen!

Welche Aussage ist richtig (r)? Welche Aussage ist falsch (f)?

a) Im Einsatz gibt es verschiedene Möglichkeiten, sich bei der Lagefeststellung Informationen zu verschaffen. ( )

b) »Erkundung« ist der Oberbegriff für »Lagefeststellung«. ( )

c) Zur Erkundung geht die Gruppenführerin oder der Gruppenführer grundsätzlich zuerst um das Einsatzobjekt herum. Damit verschafft man sich einen umfassenden Überblick. ( )

d) Für die Einsatzplanung ist es unwesentlich, in welchem Geschoss sich der Brand ausbreitet. ( )

- e) Der Einsatz ohne Bereitstellung verschafft Zeit für die weitere Erkundung. ( )
- f) In »brennenden Gebäuden« sind bei der Erkundung die Treppenraumfenster grundsätzlich sofort zu öffnen. ( )
- g) Beim Erkunden in weitläufigen Gebäuden ist es hilfreich, zur besseren Orientierung an markanten Stellen oder bei Richtungsänderungen immer wieder einmal kurz nach hinten zu schauen. ( )

Lösung auf Seite 138.

4.3 Beurteilung

Nach der Lagefeststellung erfolgt im Führungsvorgang die Einsatzplanung. Die Einsatzplanung besteht aus der Beurteilung und dem Entschluss. Als Führungskraft müssen Sie dabei in Sekundenschnelle genau festgelegte Fragen beantworten. Aus den Antworten ergibt sich für die jeweilige Einsatzaufgabe eine optimale Lösung. Dieser Teil des Führungsvorgangs erfordert viel Übung und verbessert sich mit jedem Einsatz und der daraus gewonnenen Einsatzerfahrung.

Die zugehörigen Fragen sind nachfolgend aufgeführt und erläutert.

4.3.1 Welche Gefahren sind erkannt?

Die richtige Einsatzentscheidung können Sie nur treffen, wenn Sie zu Beginn der Einsatzplanung die einsatzrelevanten Gefahren erkannt haben. »Erkannt« bedeutet, dass alle Gefahren zu berücksichtigen sind, die eindeutig ersichtlich sind oder mit deren Vorhandensein zum Zeitpunkt des Einsatzes aufgrund der vorliegenden Lageinformationen gerechnet werden muss. Darüber hinaus kann es aber noch andere Gefahren geben, die erst im weiteren Einsatzverlauf festgestellt werden können.

Die im Feuerwehreinsatz vorhandenen Gefahren werden in neun Gefahrengruppen eingeteilt:

- A – **A**temgifte
- A – **A**ngstreaktion
- A – **A**usbreitung der Gefahr
- A – **A**tomare Strahlung
- C – **C**hemische Stoffe
- E – **E**rkrankung/Verletzung
- E – **E**xplosion
- E – **E**insturz
- E – **E**lektrizität

Merke:

Die neun Gefahrengruppen lassen sich mit der Merkregel »vier A – ein C – vier E« einprägen.

Die Gefahren sind nachfolgend definiert. Es sei darauf hingewiesen, dass die Definitionen nicht unter wissenschaftlichen, sondern unter einsatztaktischen Gesichtspunkten getroffen sind.

4.3 Beurteilung

Atemgifte

»Atemgifte« sind Stoffe, die über die Atemwege schädigend wirken. Sie werden aufgrund ihres Schädigungsmechanismus eingeteilt in

- Atemgifte mit erstickender Wirkung,
- Atemgifte mit Reiz- und Ätzwirkung,
- Atemgifte mit Wirkung auf Blut, Nerven und Zellen.

Angstreaktion

»Angstreaktion« steht für Kurzschlusshandlungen und Schreckreaktionen von Einzelpersonen oder für Panikreaktionen von Menschenmassen. Die Angstreaktion ist keine Gefahr im strengen Sinne der Gefahrenlehre, sondern eine gefährliche Folgereaktion von Menschen, ausgelöst durch eine der klassischen sieben Gefahrengruppen.

Ausbreitung

Unter »Ausbreitung« werden alle Faktoren zusammengefasst, die zu einer räumlichen Schadenausweitung beitragen. Beispiele sind: Brandausbreitung, Ausbreitung des Brandrauches auch im Sinne der Verschmutzung von Sachwerten, Auslaufen wassergefährdender Flüssigkeiten, Abfließen von kontaminiertem Löschwasser, Ausbreiten biologischer, chemischer und radioaktiver Gefahrstoffe.

Atomare Strahlung

»Atomare Strahlung« umfasst alle schädigenden Wirkungen, die von radioaktiven Stoffen oder von Röntgenstrahlen auf Menschen ausgehen.

Chemische Stoffe

Die Gefahrengruppe »Chemische Stoffe« erfasst die Schädigungen, die von gefährlichen Stoffen durch Reiz- und Ätzwirkung direkt an Oberflächen ausgehen, sowie Schädigungen durch giftige Stoffe bei Aufnahme über die Haut (Hautresorption).

Erkrankung/Verletzung

Die Begriffe »Erkrankung/Verletzung« stehen für einen lebensbedrohlichen oder einen die Gesundheit gefährdenden Zustand von Menschen und Tieren. Auslöser hierfür können mechanische Verletzungen, Vergiftungen oder psychische Ursachen sein.

Als »Erkrankung/Verletzung« werden auch die Gefahren durch ansteckende, das Erbgut verändernde oder durch genetisch manipulierte »Stoffe« (biologische Gefahrstoffe) gewertet.

Explosion

»Explosion« ist eine schnell verlaufende exotherme Reaktion mit plötzlich freiwerdender Wärme- und Druckenergie.

In der Gefahrenlehre ist der Begriff weiter gefasst. Er beinhaltet auch:

- die Detonation
- die Deflagration,
- den Druckbehälterzerknall,
- die Staubexplosion,
- den Fliehkraftzerfall.

4.3 Beurteilung

Einsturz

»Einsturz« steht für das Versagen von tragenden Teilen, das Herabstürzen von Gegenständen aus Höhen und auch für die Absturzgefahr für Personen.

Elektrizität

»Elektrizität« beinhaltet alle Gefahren, die von elektrischem Strom ausgehen. Unter dem Begriff »Elektrizität« sind auch Gefahren durch statische Elektrizität einzuordnen.

Diese neun Gefahren, werden von Karl-Heinz Knorr in seinem Buch »Die Gefahren der Einsatzstelle«[2] ausführlich erläutert. Die neun Gefahrengruppen können auf

- Menschen,
- Tiere,
- Umwelt (Luft, Boden, Wasser) und
- Sachwerte

wirken. Im Einsatz bestehen Gefahren für eine oder mehrere dieser Gruppen. Aufgabe der Feuerwehr ist es, diese Gefahren zu beseitigen. Im Einsatz müssen Sie immer wieder folgende Frage beantworten:

»Welche Gefahren müssen bekämpft werden?«

Daraus ergibt sich dann als Ergebnis der Einsatzplanung der Einsatzauftrag.

---

[2] Knorr, K.-H.: Die Gefahren der Einsatzstelle, Verlag W. Kohlhammer, Stuttgart, 2010.

4 Der Ablaufplan des Führungsvorgangs

Dass bei der Ausführung von Einsatzaufträgen auch die Mannschaft und das Gerät gefährdet werden, ist für jeden Feuerwehrangehörigen (selbst)verständlich. Aus Fürsorgepflicht und zum Schutz der Ihnen unterstellten Mannschaft müssen Sie daher stets auch äußerst sorgfältig prüfen, welche Gefahren für Mannschaft und Gerät bestehen. Die zu beantwortende Frage lautet:

»Vor welchen Gefahren müssen sich die Einsatzkräfte schützen?«
Mit der Beantwortung dieser Frage ergeben sich auch die Eigenschutzmaßnahmen für die Einsatzkräfte.

Der Zusammenhang der Fragen »Welche Gefahren bestehen?« und »Für wen bestehen diese Gefahren?« lässt sich zu Ausbildungszwecken sehr anschaulich in einer ursprünglich von Heinrich Schläfer entwickelten Gefahrenmatrix (▶ Bild 7) darstellen.[3] Der Autor des vorliegenden Roten Heftes hat diese dann um die Frage »Vor welchen Gefahren müssen sich Einsatzkräfte schützen?« erweitert und die beiden Zeilen »Mannschaft« und »Gerät« angefügt.

---

3 Vgl. Schläfer, H.: Das Taktikschema, Verlag W. Kohlhammer, Stuttgart, 1998.

4.3 Beurteilung

Gefahren durch / für	Atemgifte (A)	Angstreaktion (A)	Ausbreitung (A)	Atomare Strahlung (A)	Chemische Stoffe (C)	Erkrankung Verletzung (E)	Explosion (E)	Elektrizität (E)	Einsturz (E)
Welche Gefahren müssen bekämpft werden?									
Menschen									
Tiere									
Umwelt									
Sachwerte									
Vor welchen Gefahren müssen sich die Einsatzkräfte schützen?									
Mannschaft									
Gerät									

Bild 7: *Gefahrenmatrix*

4 Der Ablaufplan des Führungsvorgangs

4.3.2 Welche Gefahr muss zuerst bekämpft werden?

Sie treffen mit Ihrer Gruppe oft Einsatzsituationen an, bei denen es nicht möglich ist, alle Gefahren sofort und gleichzeitig zu bekämpfen oder zu beseitigen. Hier gilt es dann zu entscheiden, »welche Gefahr zuerst bekämpft werden muss«. Dies ist äußerst schwierig und hängt von zahlreichen Faktoren ab. Im Einzelnen gilt:

> **Merke:**
>
> Bestehen Gefahren für Menschen, so müssen diese Gefahren immer zuerst bekämpft werden.
> Werden Menschen von unterschiedlichen Gefahren bedroht, so ist diejenige Gefahr zuerst zu bekämpfen, die die größte Bedrohung darstellt (Gefährdungsgrad).

Meist ist hierbei entscheidend, wie lange die Personen noch einer Gefahr ausgesetzt sein können, bevor sich ihr Zustand oder ihre Lage weiter verschlechtern wird.

Halten sich gefährdete Personen an verschiedenen Stellen innerhalb des Schadenobjekts auf, so ist bei gleichem Gefährdungsgrad insbesondere die Anzahl der gefährdeten Personen (Personenzahl) entscheidungsrelevant.

Bei Gefahren für Tiere, Umwelt und für Sachwerte können folgende Kriterien zur Entscheidung herangezogen werden:
- ideeller Wert (z. B. bei Haustieren),
- materieller Wert (z. B. bei Sachen),
- ökologischer Wert und Auswirkungen,
- öffentlicher Anspruch.

4.3 Beurteilung

Tiere werden juristisch – entgegen früherer Gesetzgebung – heute nicht mehr als »Sache« eingestuft. Dies sollte die Führungskräfte noch mehr als bisher schon veranlassen, der Rettung von Tieren entsprechende Bedeutung beizumessen. Dies gilt besonders, wenn es sich um Haustiere handelt, zu denen ihre Besitzer ein inniges Verhältnis haben.

4.3.3 Möglichkeiten zur Gefahrenabwehr

Als Gruppenführerin oder als Gruppenführer müssen Sie die Einsatzmöglichkeiten der Gruppe kennen. Wichtig ist es, die Beladung der Fahrzeuge und den Einsatzwert der mitgeführten Geräte und Löschmittel bewerten zu können. Innerhalb des Führungsvorgangs müssen Sie aus der Vielzahl denkbarer Einsatzmöglichkeiten geeignete Maßnahmen herausarbeiten und sich für die beste Möglichkeit entscheiden.

Im »Ablaufplan des Führungsvorgangs« wird dieser Teil der Einsatzplanung durch zwei Fragen dargestellt:

»Welche Möglichkeiten der Gefahrenabwehr bestehen?«
»Welche Möglichkeit der Gefahrenabwehr ist die beste?«

Die Frage

»Muss für die Planung eine weitere Gefahr berücksichtigt werden?«

mit der dazugehörigen Schleife

4 Der Ablaufplan des Führungsvorgangs

»*Welche Gefahr muss als nächste bekämpft werden?*«

ermöglicht es, innerhalb eines Durchlaufs des Führungsvorgangs mehrere Gefahren gleichzeitig zu bekämpfen oder mehrere denkbare Einsatzmöglichkeiten durchzudenken und die beste Möglichkeit zur Gefahrenabwehr unter Berücksichtigung einer gegenseitigen Beeinflussung der Abwehrmaßnahmen zu finden. Für den Einsatz einer Gruppe ist dieser Teil des Führungsvorgangs im Vergleich zum Einsatz eines Zuges von untergeordneter Bedeutung. Die Einsatzgrenzen der Gruppe lassen in der Regel die gleichzeitige Bekämpfung mehrerer Gefahren innerhalb eines Durchlaufs des Führungsvorgangs nicht zu. Auf weitere Erläuterungen wird daher in diesem Roten Heft verzichtet.

Die für die Gruppe bestehenden Möglichkeiten zur Gefahrenabwehr werden nachfolgend für den »Brandeinsatz«, die »Technische Rettung« und den »ABC-Einsatz« erläutert.

4.3.3.1 Einsatzmöglichkeiten der Gruppe im Brandeinsatz

Was sind die Einsatzgrenzen einer Gruppe?
Die Einsatzgrenzen der Gruppe im Brandeinsatz werden wesentlich durch die Anzahl der mitgeführten Atemschutzgeräte und die Art und Anzahl der mitgeführten Tragbaren Leitern bestimmt.

4.3 Beurteilung

Erste Einsatzgrenze: *Trupps im Innenangriff und Anzahl der Strahlrohre*

Mit den vier mitgeführten Atemschutzgeräten kann höchstens ein Trupp im Innenangriff zur Brandbekämpfung oder zur Menschenrettung eingesetzt werden: zwei Feuerwehrangehörige unter Pressluftatmer im Innenangriff (Angriffstrupp) und zwei Feuerwehrangehörige unter Pressluftatmer als Sicherheitstrupp (in der Regel der Wassertrupp).

Im Außenangriff können zusätzlich bis zu zwei weitere Rohre (zwei C-Rohre oder ein C-Rohr und ein B-Rohr) vorgenommen werden. Dazu muss auch der Sicherheitstrupp ein Rohr vornehmen. Diese »Doppelbelastung« des Sicherheitstrupps kann unter folgenden Bedingungen akzeptiert werden:

- Der Sicherheitstrupp darf bei Vornahme eines Rohres nicht im verrauchten Bereich (Verbrauch von Atemluft aus den Pressluftatmern) eingesetzt werden.
- Der Sicherheitstrupp darf durch die Vornahme des Rohres physisch nur so stark belastet sein, dass ein nachfolgender Rettungsauftrag uneingeschränkt ausgeführt werden kann.
- Der Sicherheitstrupp muss seinen Löscheinsatz ohne wesentliche Folgen für den weiteren Einsatzablauf unverzüglich unterbrechen können, um die sofortige Ausführung eines Rettungsauftrages zu gewährleisten.

4 Der Ablaufplan des Führungsvorgangs

Zweite Einsatzgrenze: *Rettungshöhe*

Die maximal erreichbare Rettungshöhe ist für die Gruppe durch die Art der auf dem Löschfahrzeug mitgeführten Tragbaren Leitern vorgegeben. Hierfür gilt die Faustregel:
- Die vierteilige Steckleiter sowie zwei Multifunktionsleitern reichen bis ins zweite Obergeschoss.
- Die dreiteilige Schiebleiter reicht bis ins dritte Obergeschoss.

Bei der Anwendung dieser Faustregel werden »normale« Geschosshöhen angenommen. Bei außergewöhnlich hohen Räumen, z. B. in Altbauten oder in Bürogebäuden, muss bei Anwendung der Faustregel die Geschossangabe jeweils um ein Geschoss verringert werden.

Welchen Entwicklungsraum kann eine Gruppe abdecken?

Jede Gruppe kann einen Entwicklungsraum abdecken, der sich im Brandeinsatz vor allem aus der Art und Anzahl der verfügbaren Strahlrohre ergibt. Aufgrund der Anzahl einsetzbarer Rohre liegt die maximale Einsatzbreite bei rund 30 Metern. Die Einsatzbreite ist beispielsweise bei der Zuweisung von Brandbekämpfungsabschnitten zu berücksichtigen. Die Einsatztiefe ist abhängig von der Anzahl mitgeführter Druckschläuche und vor allem von der Verrauchung beziehungsweise der beim Vorgehen der Atemschutztrupps entstehenden Gefährdung.

Unabhängig hiervon ist für den Brandeinsatz anzustreben, das Löschfahrzeug nicht mehr als vier Druckschlauchlängen entfernt von der Brandstelle aufzustellen.

4.3 Beurteilung

Welche Einsatzmöglichkeiten hat die Gruppe im Brandeinsatz?

Bei einem Brand gibt es für die Gruppe zwei Aufgabenfelder:
- Menschenrettung und
- Löscheinsatz.

Für beide Aufgaben müssen Sie als Führungskraft geeignete Einsatzvarianten kennen. Die Einsatzvarianten setzen sich grundsätzlich aus drei Teilmaßnahmen zusammen:

1. Welche Einsatzmaßnahme zur Gefahrenabwehr ist geeignet?
2. Welche unterstützenden Maßnahmen sind hierzu notwendig?
3. Welche Eigenschutzmaßnahmen sind zusätzlich anzuordnen?

Folgende Möglichkeiten gibt es:

Die Menschenrettung

Einsatzmaßnahmen zur Gefahrenabwehr sind:
- Retten über Treppenraum,
- Retten über Leitern:
  - Steckleiter,
  - Schiebleiter,
  - Multifunktionsleiter,
  - Hakenleiter,
  - Drehleiter.

4 Der Ablaufplan des Führungsvorgangs

MENSCHENRETTUNG

Einsatzmaßnahmen

über Treppenraum	über Leitern				über Sprungrettungsgeräte		durch Technische Rettung
begleitet vom Rettungstrupp	Steckleiter vierteilig	Schiebleiter dreiteilig	Multifunktionsleiter	Hakenleiter	Drehleiter	Sprungtuch	Sprungpolster	Spreizer, Rettungsschere u.a.

Unterstützende Maßnahmen

| Vornehmen eines Rohres | Setzen eines mobilen Rauchverschlusses | Lüften/Belüften des Treppenraums | Beruhigen/ansprechen gefährdeter Personen | Anlegen von Brandfluchthauben |

Eigenschutzmaßnahmen

| Vorgehen unter Pressluftatmer | Mitführen eines C-Rohres | Anlegen von CSA oder von Wärmeschutzkleidung | Bereitstellen des Sicherheitstrupps | Stromlosschalten des Einsatzbereichs |

Bild 8: *Maßnahmen zur Menschenrettung*

4.3 Beurteilung

- Retten über Sprungrettungsgeräte:
  - Sprungtuch,
  - Sprungpolster.
- Befreien mit technischem Rettungsgerät.

Unterstützende Maßnahmen sind:

- Vornehmen eines Rohres (z. B. zum Zurückdrängen von Flammen),
- Setzen eines mobilen Rauchverschlusses,
- Lüften und Belüften des Treppenraums,
- Beruhigen gefährdeter Personen durch Ansprechen,
- Anlegen von Brandfluchthauben.

Eigenschutzmaßnahmen für Einsatzkräfte sind:

- Vorgehen mit umluftunabhängigem Atemschutzgerät (in der Regel mit Pressluftatmer),
- Mitführen eines C-Rohres,
- Anlegen von Chemikalien- oder Wärmeschutzkleidung,
- Bereitstellen des Sicherheitstrupps,
- Stromlosschalten des Einsatzbereichs.

Mit diesen Möglichkeiten und der Kombination mehrerer Möglichkeiten miteinander können Sie sich eine Vielzahl denkbarer Einsatzvarianten erarbeiten. Am Beispiel nachfolgender Lage sei dies erläutert:

4 Der Ablaufplan des Führungsvorgangs

Praxis-Beispiel:

Bild 9: *Lagedarstellung Person in Gefahr*

Aus dem zweiten Obergeschoss muss eine jugendliche Person gerettet werden. Die Person steht am Fenster und ruft laut um Hilfe. Aus dem Fenster, an dem die Person steht, dringt dichter schwarzer Brandrauch; Flammen sind hinter ihr im Raum als roter Feuerschein zu erkennen. Eine schnelle Rettung über den Treppenraum ist somit ausgeschlossen.
Im darunter liegenden Geschoss brennt es ebenfalls. Aus allen Fenstern dieses ersten Obergeschosses dringt dichter Brandrauch, der die gesamte Hausfassade überzieht. Aus

zwei Fenstern des ersten Obergeschosses züngeln etwa ein Meter lange Flammen. Hinter dem direkt unterhalb der Person liegenden Fenster im ersten Obergeschoss ist Feuerschein erkennbar.

Einsatzmaßnahmen:

Bei dieser Lage empfiehlt sich folgendes Vorgehen:
- Einsatzmaßnahme: Retten der Person mit vierteiliger Steckleiter.
  Dies ist allerdings nur möglich, wenn durch unterstützende Maßnahmen der Rettungsweg über die Steckleiter als gesichert angesehen werden kann!
- Unterstützende Maßnahme: Vornehmen eines C-Rohres im Außenangriff gegebenenfalls zum Zurückdrängen der Flammen am Fenster im ersten Obergeschoss, dadurch gleichzeitig Abschirmen (Kühlen) der Steckleiter.
- Eigenschutzmaßnahme: Anlegen von Pressluftatmern des über die Leiter vorgehenden Trupps wegen der starken Rauchentwicklung an der Hausfassade.

Der Löscheinsatz

Auch beim Löscheinsatz können die drei Teilmaßnahmen »Einsatzmaßnahmen«, »unterstützende Maßnahmen« und »Eigenschutzmaßnahmen« angewendet werden. Beim Löscheinsatz gilt es darüber hinaus, drei weitere Gesichtspunkte zu bewerten:

1. Brandbekämpfung oder Abriegeln

Brandbekämpfung ist ein Löscheinsatz, der zum Ziel hat, den Brand in einem bestimmten Bereich (z. B. Raum, Wohnung, Geschoss) zu löschen. Der Auftrag »zur Brandbekämpfung«

bedeutet, dass der Angriffstrupp in den Bereich vorgeht und den Brand umfassend bekämpft.

Abriegeln ist ein Vorgehen mit dem Ziel, die Brandausbreitung in eine bestimmte Richtung durch Aufbau einer Riegelstellung zu unterbinden. Der Auftrag zum »Abriegeln zwischen Bereich A und Bereich B« bedeutet, dass mit allen zur Verfügung stehenden Mitteln verhindert werden muss, dass sich der Brand vom Bereich A in den Bereich B ausbreitet. Abriegeln wird immer dann angewendet, wenn ein komplettes Löschen des Brandes in vertretbarer Zeit (noch) nicht möglich erscheint.

Brandbekämpfung ist eine »Angriffsposition«. Abriegeln ist eine »Verteidigungsposition«, welche selbstverständlich den Auftrag einschließt, so bald als möglich von der Verteidigungsposition in die Angriffsposition »Brandbekämpfung« überzugehen.

2. **Innenangriff oder Außenangriff**

Innenangriff ist ein Vorgehen, bei dem die Einsatzkräfte in das Innere eines Gebäudes oder Raumes eindringen, um die Löschmittel aus nächster Nähe gezielt einsetzen zu können (DIN 14011-2).

Außenangriff ist ein Vorgehen, bei dem die Löschmittel von außen in das Innere eines Gebäudes oder Raumes eingebracht werden (DIN 14011-2).

Der Innenangriff ist der Regelangriff. Er soll, wenn immer möglich durchgeführt werden, da durch das gezielte Aufbringen des Löschmittels aus nächster Nähe der größtmögliche Löscherfolg bei geringstmöglichem Löschmittelschaden erzielt wird. Außerdem wird beim Vorgehen im Innenangriff als Nebeneffekt immer auch ein Teil des Gebäudes, über das der Angriffsweg verläuft, nach Personen abgesucht beziehungsweise kontrolliert.

Der Außenangriff soll nur durchgeführt werden, wenn die Einsatzkräfte beim Eindringen in das Gebäude mehr als vertretbar gefährdet wären. Schlechte Sicht und Atemgifte innerhalb eines Gebäudes rechtfertigen keinen Außenangriff.

3. **Wahl des geeigneten Löschmittels**

Das Löschmittel bestimmt die Löschwirkung und damit die Dauer des Brandes.

Bei den Feuerwehren in Deutschland lassen sich für die Wahl des Löschmittels folgende Grundsätze aufstellen:

- Wo immer möglich, wird das Löschmittel Wasser eingesetzt. Es besitzt eine gute Löschwirkung, ist überall vorhanden und belastet nicht die Umwelt.
- Bei Bränden der Brandklasse B (brennbare Flüssigkeiten) ist Schaum ein Mittel der Wahl. Auf die Umweltschutzaspekte ist hierbei zu achten.
- Ist die brennbare Flüssigkeit bereits in Brand geraten, wird regelhaft Schwerschaum eingesetzt. Zur Vermeidung eines Durchzündens einer ausgelaufenen brennbaren Flüssigkeit wird regelhaft Mittelschaum verwendet.

– Löschpulver wird im Löscheinsatz in aller Regel aus Kleinlöschgeräten heraus eingesetzt. Auf Löschfahrzeugen wird Löschpulver in größerer Menge regelhaft nicht mitgeführt; aufgrund besonderer Risiken führen beispielsweise Werkfeuerwehren im Einzelfall Löschpulver auf Löschfahrzeugen für Sonderlöschmittel mit. Der Einsatz von Pulver kann beispielsweise sinnvoll sein, wenn bei Bränden mit Flammenwirkung ein schlagartiger Löscherfolg notwendig ist. Typisches Beispiel hierfür ist das Zurückdrängen von Flammen zur Menschenrettung. Der Pulvereinsatz muss zur Vermeidung einer Rückzündung meist als kombinierter Löscheinsatz mit Wasser durchgeführt werden.

Achten Sie bei der Wahl des Löschmittels außer auf die Löschwirkung auch auf mögliche »Löschmittelschäden« (z. B. Wasserschaden, Verschmutzung und Schädigen durch Löschpulver) und »Umweltschäden«. Zur Wahl des Löschmittels wird auf das Rote Heft 1 sowie das Buch »Handbuch Feuerlöschmittel« verwiesen[4].

---

4 Klingsohr, K.: Verbrennen und Löschen, Die Roten Hefte Nr. 1, Verlag W. Kohlhammer, Stuttgart, 2002 (vergriffen) sowie: Hetzer et al.: Handbuch Feuerlöschmittel, Verlag W. Kohlhammer, Stuttgart, 2025.

4.3 Beurteilung

4.3.3.2 Einsatzmöglichkeiten bei der Technischen Rettung

Die Technische Rettung ist das Abwenden eines lebensbedrohlichen Zustandes von Menschen oder Tieren durch Befreien aus einer lebensbedrohlichen Zwangslage (DIN 14 011-3). Anlässe für die Technische Rettung sind u. a. Verkehrsunfälle, Eisunfälle, Wasserunfälle sowie eingeklemmte, verschüttete oder eingeschlossene Personen.

Bei technischen Rettungseinsätzen ist besonnenes Vorgehen besonders wichtig. Jeder Fehler, aber auch jedes Zögern kann die Situation für die gefährdeten Person weiter verschlechtern. Zur Schadenabwehr stehen den Einsatzkräften vielfältige Einsatzmöglichkeiten zur Verfügung. Unter Beachtung der Schadenart, der Konstruktion und des Materials des Schadenobjekts sowie der verfügbaren Einsatzgeräte müssen Sie sich als Gruppenführerin oder als Gruppenführer individuelle Einsatzmöglichkeiten erarbeiten.

Orientieren Sie sich hierbei an den fünf Phasen des »Rettungsgrundsatzes für die Technische Rettung«.

1. Sichern!
2. Zugang schaffen!
3. Lebenserhaltende Sofortmaßnahmen durchführen!
4. Befreien!
5. Transportfähigkeit herstellen! (durch Rettungsdienst)

Diese fünf Phasen sind bei jeder Technischen Rettung in der vorgegebenen Reihenfolge zu durchlaufen.

4 Der Ablaufplan des Führungsvorgangs

Was verstehen wir unter den einzelnen Phasen?

Sichern beinhaltet alle Maßnahmen, die erforderlich sind, um eine Gefährdung der Einsatzkräfte und der zu rettenden Personen während der Rettungsmaßnahmen auf das unabwendbar vorhandene Maß zu reduzieren.

Zugang schaffen heißt, zu den gefährdeten Personen vordringen, um die lebenserhaltenden Sofortmaßnahmen durchführen zu können.

Lebenserhaltende Sofortmaßnahmen sind alle rettungsdienstlichen Maßnahmen, die erforderlich sind, um den Zustand der Verletzten soweit zu stabilisieren, dass sich deren Zustand nicht weiter verschlechtert. Die Feuerwehrangehörigen können mindestens folgende lebenserhaltende Maßnahmen durchführen:

- Schockbekämpfung,
- Stillen von lebensbedrohlichen Blutungen,
- Wiederherstellen oder Unterstützen der Atemfunktion und
- Herz-Lungen-Wiederbelebung.

Befreien beinhaltet alle Maßnahmen, die nach Durchführung der lebenserhaltenden Sofortmaßnahmen zum »Herausführen/Herausbringen« der Personen aus dem Gefahrenbereich notwendig sind.

Transportfähigkeit herstellen beinhaltet alle rettungsdienstlichen Tätigkeiten, die an der Einsatzstelle zur weiteren Stabilisierung des Gesundheitszustandes vor dem Transport ins Krankenhaus notwendig sind. Diese Maßnahmen werden in der Regel vom Notarzt beziehungsweise von den Einsatzkräften des Rettungsdienstes durchgeführt.

4.3 Beurteilung

Der Rettungsgrundsatz wird am Beispiel eines Verkehrsunfalls näher erläutert:

> **Praxis-Beispiel**
>
> Lagebeschreibung
>
> Verkehrsunfall, Fahrer hat Atemstillstand, Beine sind im Fußraum eingeklemmt.
>
> Nach dem Rettungsgrundsatz ist wie folgt vorzugehen:
>
> Sichern
> - Verkehrssicherung (Einsatzstellenabsicherung),
> - Zündung abschalten,
> - Batterie abklemmen,
> - Pulverlöscher bereitstellen und C-Rohr als Brandschutz aufbauen.
>
> Zugang schaffen
> - Fahrer- oder Beifahrertür (ggf. auch alternativ Fahrzeugtüren zu den Rücksitzen oder die Hecktür) öffnen oder
> - Frontscheibe herausnehmen oder
> - Seiten- oder Heckscheibe herausnehmen.
>
> Lebenserhaltende Sofortmaßnahmen
> - Kopf überstrecken und Patienten beatmen.
>
> Befreien
> - Beine im Fußraum mit technischem Rettungsgerät befreien,
> - Fahrer aus Fahrzeugkabine herausheben und auf Krankentrage lagern.
>
> Transportfähigkeit herstellen
> - Atmung kontrollieren beziehungsweise weiter beatmen,
> - Schocklagerung vornehmen,
> - Verletzten dem Rettungsdienst übergeben.

4 Der Ablaufplan des Führungsvorgangs

Sie sollten sich immer wieder Schadenlagen mit Hilfe dieses Rettungsgrundsatzes durchdenken, um im Einsatz Lösungsmöglichkeiten gedanklich verfügbar zu haben. Sinnvoll ist auch, im Rahmen der Einsatzplanung den Rettungsgrundsatz für verschiedene Alarmierungsstichworte schriftlich auszuarbeiten. Dies kann während einer Führungskräfteschulung in der eigenen Feuerwehr geschehen. Die schriftlich festgehaltene Ausarbeitung kann dann auf dem Feuerwehrfahrzeug mitgeführt werden und während der Anfahrt als »Erinnerungsstütze« dienen. Zu bearbeitende Alarmierungsstichworte können sein: Tiefbauunfall mit verschütteter Person, Eisunfall, Wasserunfall, Maschinenunfall – Person eingeklemmt, Person im Aufzug eingeschlossen.

4.3.3.3 Einsatzmöglichkeiten im ABC-Einsatz (Gefahrstoff- und Strahlenschutzeinsatz)

Der Gefahrstoff- und der Strahlenschutzeinsatz sind Sonderformen der Technischen Hilfeleistung. Der Gefahrstoffunfall ist ein Ereignis, bei dem gefährliche Stoffe unkontrolliert frei werden und Gefahren für Menschen, Tiere, Sachen und die Umwelt entstehen können. Der Strahlenunfall ist ein Ereignis, bei dem die Gefahren durch unkontrolliertes Freiwerden ionisierender Strahlung oder entsprechender Materialien entstehen.

Beide Gefahrensituationen können sowohl als Einzelereignis infolge eines Unfalls oder in Verbindung mit einem Brand auftreten. Es gelten dann die für diese Einsätze geltenden

4.3 Beurteilung

Grundsätze, ergänzt durch die Besonderheiten des ABC-Einsatzes (siehe FwDV 500 »Einheiten im ABC-Einsatz«).

Die Besonderheiten des ABC-Einsatzes werden nachfolgend erläutert. Dabei wird davon ausgegangen, dass ein Löschgruppenfahrzeug oder ein Tanklöschfahrzeug nach Norm ohne zusätzliche Sonderausrüstung verfügbar ist. Alle beschriebenen Einsatzmaßnahmen sind somit Ersteinsatzmaßnahmen. Wegen der besonderen Gefahren, die von gefährlichen Stoffen ausgehen, kann die Gruppe nur die Aufgabe erfüllen, Gefahren von Menschen abzuwenden und soweit wie möglich eine Schadenausweitung zu verhindern. Die Schadeneingrenzung und -beseitigung sind Aufgaben für speziell ausgerüstete und ausgebildete Einheiten.

Merke:
Die Nachforderung von Gefahrstoff- oder Strahlenschutzeinheiten muss sofort nach Erkennen der besonderen Lage (ABC-Einsatz) erfolgen.

Für die Erstmaßnahmen gelten bei Einsätzen mit unbekanntem Gefahrstoff oder beim Vorhandensein radioaktiver Stoffe folgende Einsatzgrundsätze:

1. Fahrzeug in ausreichender Entfernung aufstellen und Absperrung vornehmen. Folgende Absperrgrenze ist einzuhalten: mind. 50 Meter, entsprechend Gefahrenbereich nach FwDV 500. Möglichst auf windzugewandter Seite aufstellen.
2. Alle Personen aus dem Gefahrenbereich fernhalten. Personen, die sich innerhalb des Gefahrenbereiches aufgehalten haben, an einen Sammelplatz bringen,

um gegebenenfalls eine ärztliche Kontrolle, den Kontaminationsnachweis, die Dekontamination und Dokumentation (Registrierung) zu gewährleisten.
3. Falls keine Gefahren für Personen bestehen und der Schaden sich nicht wesentlich ausbreiten kann, das Eintreffen der ABC-Einheit abwarten.
4. Wird für Personen, die sich im Gefahrenbereich befinden, Menschenrettung befohlen, ist zu beachten:
    - Die Zahl der vorgehenden Trupps ist möglichst gering und die Aufenthaltsdauer im Gefahrenbereich ist möglichst kurz zu halten.
    - Jeder vorgehende Trupp muss mindestens mit umluftunabhängigem Atemschutz (Pressluftatmer) und Schutzkleidung Form 1 nach FwDV 500 geschützt sein.
    - Alle von der Brandschutzbekleidung nicht bedeckten Hautoberflächen sind damit soweit wie möglich abzudecken.
    - Jede Berührung und Verschmutzung (Kontamination) mit dem Gefahrstoff ist zu vermeiden.
    - Freiwerdende Gaswolken können als zusätzlicher Schutz mit Sprühstrahl (z. B. mit B-Rohr) vom vorgehenden Trupp teilweise abgehalten oder gelenkt werden.

4.3 Beurteilung

- Die Einsatzdauer eines Trupps im Gefahrenbereich sollte die Einsatzzeit eines Pressluftatmers nicht überschreiten. Ist der Vorrat an Atemluft beim angelegten Gerät verbraucht, muss ein anderer Trupp den Einsatz weiterführen.
- Der »herausgelöste« Trupp gilt als kontaminiert. Bei ABC-Einsätzen wird die Schutzkleidung unter Beachtung einer möglichen Verschmutzung abgelegt. Gegebenenfalls ist mit Wasser die Hautoberfläche oder die wasserdichte Schutzkleidung zu reinigen. Die Atemschutzgeräte werden als letztes abgelegt. Eine Aufnahme (Inkorporation) des Gefahrstoffs über Mund oder Nase wird damit weitestgehend vermieden.
- Bei Strahlenschutzeinsätzen gilt der herausgelöste Trupp solange als kontaminiert, bis mit Messgeräten die Kontaminationsfreiheit nachgewiesen ist. Dies bedeutet, dass der Trupp unter Atemschutz bleiben muss, bis die Kontaminationsfreiheit nachgewiesen ist.
- Die Gruppenführerin oder der Gruppenführer muss hierzu rechtzeitig Pressluftatmer oder Filtergeräte als Reservegeräte bereitlegen. Die Pressluftatmer sind in einsatzbereiten Zustand zu versetzen. Es wird dann das gesamte Gerät gewechselt,

4 Der Ablaufplan des Führungsvorgangs

   wobei die Maske nicht abgenommen werden darf.
5. Sind bei einem ABC-Einsatz Löschmaßnahmen erforderlich, so sind die Trupps wie unter Punkt 4 beschrieben zu schützen. Es ist ein Löschmittel mit möglichst hoher Löschwirkung bei gleichzeitig geringem Löschmittelverbrauch einzusetzen. Das auslaufende Löschmittel ist einzugrenzen und aufzufangen.
6. Freiwerdende Dampf- oder Gaswolken sind durch Sprühstrahl zu lenken beziehungsweise niederzuschlagen. Ein Eindringen der Wolken in Gebäude ist durch Schließen von Fenstern und Türen zu verhindern.
7. Ausgelaufene brennbare Flüssigkeiten (z. B. Benzin) sind gegebenenfalls mit Mittelschaum abzudecken. Ein Einlaufen in die Kanalisation ist zu verhindern. Zündquellen sind zu beseitigen. Brennt die Flüssigkeit, so ist Schwerschaum einzusetzen.
8. Bei Explosionsgefahr, beispielsweise nach Freiwerden von Erd- oder Flüssiggas, sind die gefährdeten Gebäude zu räumen.

4.3.4 Welche Möglichkeit der Gefahrenabwehr ist die beste?

Die Beurteilungsphase im Führungsvorgang endet mit der Frage nach der besten Möglichkeit zur Gefahrenabwehr. Sie müssen dabei die von Ihnen zuvor erarbeiteten denkbaren

4.3 Beurteilung

Einsatzmöglichkeiten gegeneinander abwägen. Entscheidungskriterien im Feuerwehreinsatz sind (nach Alfons Rempe, ehemals Landesfeuerwehrschule Nordrhein-Westfalen):

- **Erfolgschance**:
  Wie wahrscheinlich ist es, dass eine denkbare Einsatzmaßnahme zum Erfolg führt? Besteht keine Erfolgsaussicht, so ist die Maßnahme zu verwerfen.
- **Schnelligkeit**:
  Wie lange dauert die Einsatzmaßnahme? Bei Menschenrettung ist die entscheidende Frage: Wie lange dauert es, bis alle gefährdeten Personen außerhalb des unmittelbaren Gefahrenbereichs sind?
- **Sicherheit**:
  Welche Sicherheit besteht für die zu Rettenden und die Einsatzkräfte während der Durchführung der Einsatzmaßnahme? Besteht die Gefahr, dass sich diese Personen dabei verletzen? Muss von bestehenden Sicherheitsvorschriften abgewichen werden und wenn ja, ist dies zu rechtfertigen?
- **Aufwand**:
  Wie viel Personal und welche Geräte werden zur Durchführung der Einsatzmaßnahmen benötigt?

Diese vier allgemein gültigen Kriterien bestimmen wesentlich Ihre Einsatzentscheidung. Die Gewichtung, mit der die einzelnen Kriterien in die Entscheidungsfindung einfließen, ist unterschiedlich. Sie hängt von der Gefahrenlage ab.

4 Der Ablaufplan des Führungsvorgangs

> **Beispiele:**
> - Liegt eine Person im brennenden Raum, ist die Schnelligkeit ausschlaggebendes Kriterium.
> - Beim Kellerbrand im leerstehenden Einfamilienhaus ist die Sicherheit der Einsatzkräfte entscheidungsrelevant.

Sie müssen außer den vier genannten Kriterien gegebenenfalls folgende Überlegungen in die Entscheidungsfindung einfließen lassen:

- Kann durch die Einsatzmaßnahme (z. B. Löschmitteleinsatz) die Umwelt geschädigt werden?
- Werden durch die Einsatzmaßnahmen andere bestehende Gefahren beseitigt?
- Wirkt die Maßnahme auf gefährdete Personen beruhigend (z. B. Beruhigung von gefährdeten Personen, die an Fenstern stehen und sehen, dass mit der Menschenrettung über Leitern begonnen wird)?

Testen Sie Ihr Wissen!
Ergänzen Sie die fehlenden Begriffe:

a) Die neun Gefahrengruppen lassen sich mit folgender Merkregel einprägen:
   ... A ... C ... E

b) Sie müssen sich zur Festlegung der optimalen Einsatzmaßnahme auch genau überlegen, vor welchen ... Sie Ihre ... schützen müssen.

c) Die Einsatzgrenzen der Löschgruppe im Brandeinsatz ergeben sich aus der Art und Anzahl mitgeführter ... und der ... mitgeführter Pressluftatmer.

4.4 Entschluss (Absicht/Grundzüge/Nachforderung)

d) Brandbekämpfung ist eine …; Abriegeln ist eine …, die allerdings die Möglichkeit beinhaltet, in die Angriffsposition überzugehen.

e) Ausgelaufene, noch nicht brennende brennbare Flüssigkeiten können mit …schaum abgedeckt werden.

f) Die Absperrgrenze beträgt bei ABC-Einsätzen … Meter.

g) Der Rettungsgrundsatz teilt die Technische Rettung in … Phasen auf.
   Diese sind:
   - …
   - …
   - …
   - …
   - …

Lösung auf Seite 138.

4.4 Entschluss (Absicht/Grundzüge/Nachforderung)

Der Entschluss fasst die Absicht der Führungskräfte, die Grundzüge der Einsatzplanung und die Überlegungen zu notwendigen Nachforderungen zusammen.

Die »Absicht« ergibt sich im Wesentlichen aus der Antwort auf die Frage »Welche Möglichkeit der Gefahrenabwehr ist die beste?« (▶ Kapitel 4.3.4).

4 Der Ablaufplan des Führungsvorgangs

In den »Grundzügen« wird die Einsatzmaßnahme detailliert beschrieben.

Die »Nachforderung« fasst im Ergebnis alle Überlegungen über notwendigerweise nachzufordernde Kräfte zusammen.

»Was müssen Sie bei der Nachforderung beachten?«
Für den Einsatzerfolg kann eine rechtzeitige Nachforderung einsatzentscheidend sein.

Besser, es rückt eine Einheit nach, ohne dann tatsächlich in den Einsatz zu kommen, als dass sie zu spät oder überhaupt nicht an der Einsatzstelle eintrifft.

Wichtig ist daher, dass Sie als erste an der Einsatzstelle eintreffende Führungskraft sobald nur möglich ausreichend Kräfte nachalarmieren. Wenn nur der geringste Zweifel besteht, dass Ihre Gruppe ihrem Einsatzauftrag gerecht werden kann, dürfen Sie nicht zögern, weitere Kräfte nachzufordern.

Außer den Einsatzkräften der Feuerwehr sind insbesondere Kräfte des Rettungsdienstes nachzufordern. Nachzufordern sind bei Bedarf auch Vertreter zuständiger Behörden sowie sach- und fachkundige Personen. Einsatzkräfte der Polizei werden regelhaft durch die gegenseitige Information der jeweils zuständigen Leitstellen mitalarmiert und treffen meist zeitnah mit den Feuerwehreinsatzkräften ein.

In welchen Situationen müssen immer Kräfte nachgefordert werden?

- Wenn die Mannschaft nicht stark genug ist!
- Wenn benötigte Geräte fehlen!
- Wenn die Löschwasserversorgung nicht ausreicht!
- Wenn besondere Sachkunde notwendig ist (z. B. ABC-Einsatz)!

4.5 Einsatzbefehl

Konkrete Beispiele sind (gelten für den Fall, dass nur eine Gruppe an der Einsatzstelle ist):

- Es muss mehr als ein Rohr im Innenangriff vorgenommen werden.
- Es müssen insgesamt mehr als drei Rohre eingesetzt werden.
- Die Mannschaft wird durch Unfall geschwächt.
- Die Rettungshöhe oder die Anzahl der Leitern reicht nicht aus.
- Es ist mehr als eine Person gefährdet.
- Es ist ein ABC-Einsatz.
- Es besteht ein besonderes Risiko für Einsatzkräfte (z. B. Einsturz- oder Explosionsgefahr).
- Es brennt in einer Lager- oder Produktionshalle.
- Es brennt in einem Untergeschoss.
- Es brennt in einem landwirtschaftlichen Anwesen oder in einem Gewerbebetrieb.

4.5 Einsatzbefehl

Sobald Sie als Gruppenführerin oder als Gruppenführer Ihren Entschluss gefasst haben, setzen Sie diesen mit einem Einsatzbefehl an die Mannschaft um. Sie erteilen den Befehl in aller Regel mündlich.

Der Ablaufplan des Führungsvorgangs

Merke:

Der Befehl ist die Anordnung zum Einsatz. Der Befehl muss den Willen der Gruppenführerin oder des Gruppenführers unmissverständlich und eindeutig zum Ausdruck bringen. Es gelten folgende Grundsätze:

1. Befehle dürfen nur an unterstellte Einheiten und Mannschaften gegeben werden. Führungsebenen dürfen nur in Ausnahmefällen übersprungen werden.
2. Befehle werden erst erteilt, wenn man genau weiß, was man will.
3. Der Befehl muss klar, eindeutig und kurz sein. Er muss aber alles Notwendige zur Erfüllung der Einsatzaufgaben enthalten.
4. Niemals mehrere Befehle an eine Einheit gleichzeitig geben.
5. Befehle nicht ständig wiederholen.
6. An der Befehlssprache muss der »Befehlsempfänger« erkennen, dass die Führungskraft von ihren Maßnahmen überzeugt ist.
7. Die Befehle müssen durchführ- und umsetzbar sein. Die Mannschaft darf weder über- noch unterfordert werden.
8. Die Befehlssprache muss eine einheitliche Terminologie haben, um das Erfassen des Einsatzbefehls auch unter der Stressbelastung des Einsatzes zu erleichtern.

Um die Einheitlichkeit der Befehlssprache zu gewährleisten, wird folgendes Befehlsschema verwendet:

Einheit – Wer soll den Auftrag durchführen?
Auftrag – Was muss getan werden?
Mittel – Womit soll der Auftrag durchgeführt werden?
Ziel – Wo ist der Ort, an dem der Auftrag durchgeführt werden muss?

4.5 Einsatzbefehl

Weg – Welcher Weg soll dorthin benutzt werden?

Der Befehl muss immer die Einheit und den Auftrag enthalten. Mittel, Ziel und Weg werden nur vorgegeben, wenn es zur Auftragserfüllung notwendig ist. Sie sollten möglichst die so genannte Auftragstaktik anwenden; das bedeutet, zur Umsetzung möglichst viel Entscheidungsspielraum lassen. Der mit dem Einsatzbefehl Beauftragte kann damit flexibler und lagegerechter agieren sowie auf neue Erkenntnisse reagieren.

Leiten Sie den Befehl immer mit dem Wort »zur« (z. B. »Zur Brandbekämpfung ...«) oder »zum« (z. B. »Zum Abriegeln zwischen ...«) ein. Daraus ergibt sich automatisch eine klare Befehlssprache.

Der erste Befehl an die Gruppe beginnt beim Löscheinsatz immer mit:

der **Wasserentnahmestelle** und
der **Lage des Verteilers**.

Der Befehl schließt ab mit den Kommandos:

vor!	beim **Einsatz ohne Bereitstellung**
	oder mit
zum Einsatz fertig!	beim **Einsatz mit Bereitstellung**.

Für die Mannschaft sind diese beiden Kommandos das Zeichen, mit der Umsetzung des Befehls zu beginnen.

Jeder Einsatzbefehl muss vom beauftragten Trupp wiederholt werden. Dies dient zur Kontrolle, ob der Befehl richtig verstanden wurde und als »Zwang«, damit die beauftragte Einsatzkraft den Befehl auch bewusst wahrnimmt.

▶ Tabelle 3 vergleicht den Befehlstext für einen »Einsatz mit Bereitstellung« mit dem für einen »Einsatz ohne Bereitstellung«.

Tabelle 3: *Beispiele für einen Einsatzbefehl*

Stichwort	Befehlstext beim Einsatz	
	mit Bereitstellung	ohne Bereitstellung
Wasserentnahmestelle	»Wasserentnahme Überflurhydrant	»Wasserentnahme Überflurhydrant
Lage des Verteilers	Verteiler zwei Meter vor Haupteingangstür	Verteiler zwei Meter vor Haupteingangstür
Einheit	–	Angriffstrupp
Auftrag	–	zur Brandbekämpfung
Mittel	–	mit 1. Rohr
Ziel	–	ins 2. Obergeschoss
Weg	–	über Treppenraum
(Kommando)	zum Einsatz fertig!«	vor!«

Als Besonderheit des Befehls bei Hilfeleistungseinsätzen tritt häufig das Problem auf, dass die Gruppenführerin oder der Gruppenführer nicht nur den Einsatzauftrag an den Angriffstrupp formulieren muss, sondern dass aufgrund der Vielzahl möglicher Maßnahmen zur Sicherung und zur Gerätebereitstellung auch die Aufträge an den Wassertrupp (Sicherungsaufgaben) und an den Schlauchtrupp (Gerätebereitstellung) im ersten Befehl als Auftrag formuliert werden müssen. In diesen Fällen wird in Ergänzung zur Vorgabe in der FwDV 3 empfohlen, die Aufträge nicht in drei Einzelbefehle aufzuteilen, sondern innerhalb eines Befehls zunächst alle drei Aufträge an die Trupps auszuformulieren und danach mit dem Kommando

»vor!« oder **»Zum Einsatz vor!«**

das Ende des Befehls zum Ausdruck zu bringen. Aus sprachlichen Gründen wird in diesem Fall auf die Einleitung des Auftrags durch das Wort »Zur …!« beziehungsweise »Zum …!« verzichtet.

Die Gruppe bleibt angetreten, bis alle Teilbefehle gegeben sind. Dies hat den Vorteil, dass die gesamte Gruppe über den geplanten Einsatzablauf in seiner Gesamtheit informiert ist.

4.6 Lagemeldung

Jede Einsatzkraft muss wissen, dass ein Einsatzbefehl die Verpflichtung zur Lagemeldung beinhaltet.

Dies bedeutet, dass eine Lagemeldung an die übergeordnete Führungskraft oder an die Feuerwehrleitstelle ohne Aufforderung abgegeben werden muss, wenn

- während des Einsatzes von der nachgeordneten Einsatzkraft Erkenntnisse gewonnen werden, die bisher nicht bekannt waren,

4 Der Ablaufplan des Führungsvorgangs

- der erhaltene Einsatzauftrag nicht ausgeführt werden kann,
- der erhaltene Einsatzauftrag ausgeführt ist,
- die Lage sich wesentlich geändert hat oder
- nach einer angemessen langen Zeit eine Terminmeldung sinnvoll ist, um die übergeordnete Führungskraft zu informieren, dass der Einsatzauftrag planmäßig durchgeführt wird.

Als Gruppenführerin oder als Gruppenführer müssen Sie demnach spätestens nach Erteilung Ihrer Einsatzbefehle die erste Lagemeldung abgeben. Ist die Gruppe in einen Löschzug oder in einen Einsatzabschnitt eingebunden, wird die Lagemeldung an die übergeordnete Führungskraft gegeben. An die Lagemeldung schließt sich gegebenenfalls die Nachforderung an.

Die Lagemeldung dient der Dokumentation des Einsatzablaufs und der Information der Leitstelle. Sie dürfen die Verpflichtung zur Informationsweitergabe an die Leitstelle nicht als Kontrolle empfinden, sondern Sie müssen erkennen, dass die Feuerwehrleitstelle Sie bei der Erfüllung Ihres Einsatzauftrages beispielsweise bei der Nachforderung von Einsatzkräften und bei der Versorgung mit Material und Verbrauchsgütern unterstützen kann. Voraussetzung ist hierfür, dass die Leitstelle einen Gesamteindruck von der Lage hat. Dieser Gesamteindruck wird mit der Lagemeldung vermittelt. Hierzu müssen sowohl die Schadenlage als auch die eingeleiteten Maßnahmen zur Schadenabwehr kurz, aber dennoch umfassend beschrieben werden.

Eine Lagemeldung muss so kurz wie möglich, aber so ausführlich wie nötig sein.

4.6 Lagemeldung

Beim Brandeinsatz kann die Lagemeldung nach dem Schema in ▶ Bild 10 aufgebaut werden.

Die Gruppenführerin oder der Gruppenführer soll in der Ausbildung und im Einsatz immer die gleiche Systematik und die gleiche Wortwahl benutzen. Dies hilft dabei, unter der Stressbelastung des Einsatzes eine qualifizierte Meldung abzugeben.

Schema der Lagemeldung

Schadenereignis

Steinackerstr. 47	Einsatzort
Zimmerbrand	Einsatzart
im 2. Obergeschoss	Einsatzhöhe
eines fünfgeschossigen	Gebäudeausmaß
Wohnhauses	Nutzung
15 Personen im Gebäude	Besondere Gefahr

Schadenabwehr

Menschenrettung über Treppenraum eingeleitet	Besondere Maßnahmen
2 C-Rohre	Art und Anzahl der Rohre
2 Pressluftatmer und 2 Pressluftatmer als Sicherheitstrupp im Einsatz!	Art und Anzahl der PA

Bild 10: *Schema für eine Lagemeldung*

4 Der Ablaufplan des Führungsvorgangs

Folgende Terminologie wird beispielhaft vorgeschlagen:

Einsatzort:	Straße und Hausnummer; bei allgemein bekannten Objekten: Realschule, Hotel Adler, Rathaus usw. (in diesen Fällen kann auf die Angabe der »Nutzung« und der »Gebäudeausmaße« verzichtet werden).
Einsatzart:	Zimmerbrand, Wohnungsbrand, Kellerbrand, Geschossbrand, Dachstuhlbrand, Waldbrand, Pkw-Brand usw.
Einsatzhöhe:	im EG, im KG, im 1. OG, im DG usw.
Gebäudeausmaß:	eines eingeschossigen, eines viergeschossigen, einer 30 m x 60 m großen usw.
Nutzung:	Wohngebäudes, Geschäftshauses, Bürogebäudes, Lagerhalle, Tiefgarage usw.
Besondere Gefahr:	xx Person(en) in Gefahr, xx Person(en) verletzt, Radioaktivität »Gefahrengruppe II«, Explosionsgefahr, Gefahr durch Druckbehälter usw.
Besondere Maßnahme:	Menschenrettung eingeleitet, Druckbehälter werden gekühlt usw.

4.6 Lagemeldung

Art und Zahl der Rohre:	ein B- und zwei C-Rohre, ein Mittelschaumrohr, ein Pulverlöscher usw.
Art und Zahl der Atemschutzgeräte:	zwei Pressluftatmer und zwei Pressluftatmer als Sicherheitstrupp im Einsatz!

Die Lagemeldung schließt immer mit »im Einsatz!« ab.

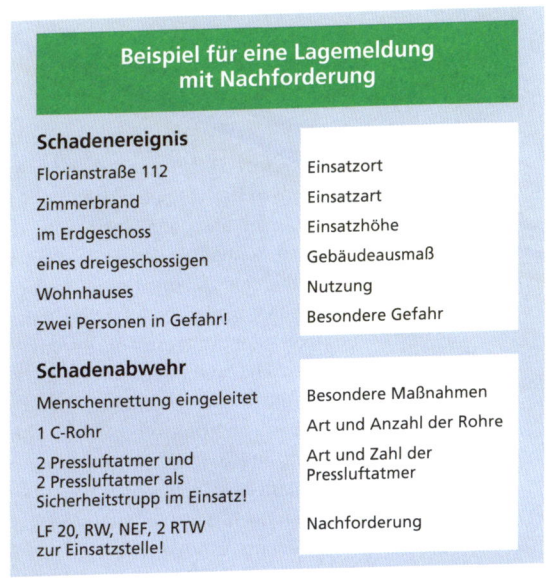

Bild 11: *Beispiel für eine Lagemeldung mit Nachforderung*

4 Der Ablaufplan des Führungsvorgangs

Eine eventuell notwendige Nachforderung schließt unmittelbar an die Lagemeldung an. Als Terminologie empfiehlt sich eine Aufzählung der nachzufordernden Fahrzeuge. Die Aufzählung endet mit der Anweisung: »zur Einsatzstelle!«

Mit der vorgeschlagenen Systematik und Terminologie lässt sich im Brandeinsatz jede beliebige Lagemeldung zusammenstellen (▶ Bild 11).

4.7 Kontrolle und weiterer Führungsvorgang

Wenn der Führungsvorgang erstmals durchlaufen ist, so ist in der Regel jedes Mitglied der Gruppe eingesetzt. Falls Sie als Gruppenführerin oder als Gruppenführer bereits weitere Gefahren erkannt haben, können Sie den weiteren Einsatzablauf planen. Sie durchlaufen hierzu erneut den Führungsvorgang. Sind für Sie keine weiteren Gefahren ersichtlich, müssen Sie die Lagefeststellung (Erkundung) intensivieren (▶ Kapitel 4.2) und aufgrund des neuen Erkundungsergebnisses die Einsatzplanung erneut durchführen.

Zu Ihren Aufgaben gehört immer auch die Kontrolle der korrekten Umsetzung Ihres Befehls. Die Aufgaben sind hierbei:
- Die Einsatzstelle ständig weiter erkunden.
- Lageänderungen oder neue Informationen in die Einsatzplanung einfließen lassen.
- Das Arbeiten der Mannschaft bezüglich Sicherheit und fachgerechter Ausführung kontrollieren.

- Angriffstrupps, insbesondere an kritischen Stellen, einweisen.
- Atemschutztrupps und Trupps unter Sonderschutzkleidung bezüglich Einsatzzeit sowie psychischer und physischer Belastung im Blick behalten und genauestens überwachen.
- Im Löscheinsatz überprüfen, ob die Wasserversorgung zwischen Wasserentnahmestelle und Löschfahrzeug hergestellt ist.
- Verfügbarkeit der Löschmittel ständig kontrollieren.
- Einsatzkräfte rechtzeitig ablösen beziehungsweise durch ein rollierendes System – vor allem bei den Atemschutzgeräteträgern – eine gleichmäßige Auslastung aller Kräfte sicherstellen und Erholungspausen ermöglichen.
- Ersatzkleidung für verschmutzte und durchnässte Einsatzkräfte anfordern.
- Information und Zusammenarbeit mit Polizei und Rettungsdienst sowie mit anderen Diensten sicherstellen.

4.8 Abschließende Maßnahmen

Sind Sie mit Ihrer Gruppe alleine und damit eigenverantwortlich an der Einsatzstelle, obliegt Ihnen die Einsatzleitung. Sie müssen dann auch weitergehende Aufgaben erledigen beziehungsweise deren Erledigung veranlassen. Diese Aufgaben liegen teilweise im organisatorischen Zuständigkeitsbereich der Verwaltung beziehungsweise der Bürgermeisterin oder des Bürgermeisters. Achten Sie darauf, diese Maßnahmen möglichst mit den Zuständigen abzustimmen. Entsprechende Aufgaben können sein:

- Absperren der Einsatzstelle,
- Abtragen oder Abstützen einsturzgefährdeter Bauteile,
- Aufnehmen von Löschwasser mit Wassersaugern zur Begrenzung des Wasserschadens,
- Entfernen schwerer Lasten von einsturzgefährdeten Bauteilen,
- Sicherstellen von Spuren zur Brandursachenermittlung,
- Abtransport von aufgenommenen Gefahrstoffen veranlassen,
- Informieren der Presse,
- Ausleuchten von Einsatzstellen zur Unterstützung der Polizei,
- Benachrichtigen des Besitzers oder der Angehörigen,
- Unterbringen von obdachlos gewordenen Hausbewohnern,
- Reinigung von Verkehrsflächen veranlassen oder bei Verschmutzungen kleineren Umfangs dies selbst durchführen.

Die Brandwache ist eine besondere Form der »abschließenden Maßnahmen«. Sie muss immer gestellt werden, wenn ein Wiederaufflammen des Brandes nicht ausgeschlossen werden kann. Dies ist häufig der Fall, wenn größere Mengen Brandschutt innerhalb der Brandstelle verbleiben (z. B. einem Dach-

4.8 Abschließende Maßnahmen

stuhlbrand, Scheunenbrand, Lagerhallenbrand). Ebenso muss bei Zwischenböden, abgehängten Decken und Rohrleitungs- oder Installationsschachtsystemen mit der Gefahr der Brandausbreitung und des Wiederaufflammens gerechnet werden. Auch hier ist das Stellen der Brandwache gerechtfertigt.

Die Brandwache hat die Aufgabe, wieder aufflammende Brandnester frühzeitig zu erkennen und abzulöschen. Sie kann auch Nachlösch- und Aufräumungsarbeiten geringen Umfangs durchführen und die Polizei bei der Brandursachenermittlung unterstützen (Beleuchtung, Wegräumen von Brandschutt, Abstützmaßnahmen, Bereitstellen von Leitern).

Der Führungsvorgang endet mit den »abschließenden Maßnahmen«. Im Ablaufplan des Führungsvorgangs wird dies durch das Wort »Einsatzende« dargestellt.

Testen Sie Ihr Wissen!
Welche Aussage ist richtig (r)? Welche Aussage ist falsch (f)?
- a) Nachfordern ist kein Zeichen von Schwäche, sondern ein Zeichen von Weitsicht. ( )
- b) Einsatzbefehle sind von Führungskräften etwa alle zehn Minuten zu wiederholen. Damit kann die Wichtigkeit der erwarteten Befehlsausführung unterstrichen werden. ( )
- c) Der Befehl beinhaltet immer Einheit, Auftrag und Mittel. ( )
- d) Obliegt Ihnen die Einsatzleitung müssen Sie ausdrücklich anordnen, dass Lagemeldungen der Ihnen unterstellten Einheiten im Abstand von 15 bis 30 Minuten erfolgen müssen. ( )

4 Der Ablaufplan des Führungsvorgangs

e) Die Tätigkeit der Einheitsführung ist beendet, wenn alle Gefahren beseitigt sind. ( )

f) Die Brandwache hat als einzige Aufgabe, die Einsatzstelle abzusichern. ( )

Lösung auf Seite 138.

5 Die Aufgaben im Anschluss an die Gefahrenbeseitigung

5.1 Abrücken von der Einsatzstelle

Wenn alle Gefahren beseitigt sind, geben Sie als Gruppenführerin oder Gruppenführer das Kommando »Zum Abmarsch fertig!«. Damit werden alle zuvor erteilten Befehle aufgehoben.

Die Mannschaft beendet ihre Einsatzmaßnahmen und nimmt die eingesetzten Geräte und Schläuche zurück. Die Geräte und Schläuche werden soweit wie möglich noch an der Einsatzstelle in einsatzbereiten Zustand gebracht und im Fahrzeug verlastet. Verschmutzte und nasse Schläuche werden an der Einsatzstelle nur einfach gerollt, um im Feuerwehrhaus sofort erkennen zu können, welche Schläuche ausgetauscht werden müssen. Defekte Schläuche werden häufig mit einem Knoten im Schlauch versehen und auf der Rückfahrt getrennt gelagert; beispielsweise im Mannschaftsraum. Damit soll sichergestellt werden, dass in dem seltenen Fall, dass die Gruppe auf der Rückfahrt zu einem neuen Einsatz alarmiert wird, keine defekten Schläuche verwendet werden. Außerdem sind diese im Feuerwehrhaus oder auf der Feuerwache schnell zu erkennen.

Sofern aus Löschwasserbehältern Löschwasser entnommen worden ist, sind diese möglichst schon an der Einsatzstelle wieder zu befüllen.

5 Die Aufgaben nach der Gefahrenbeseitigung

Überwachen Sie als Gruppenführerin oder als Gruppenführer diese Maßnahmen. Helfen Sie dabei aber auch immer selbst mit.

Kontrollieren Sie, dass alle Geräte unter Beachtung der Unfallverhütungsvorschriften und gegebenenfalls vorhandener Herstellerhinweise zurückgenommen werden und dass die Geräte im Fahrzeug einsatzbereit verlastet sind. Das ordentliche Verlasten der Geräte auf dem Fahrzeug ist Voraussetzung für einen geregelten Ablauf beim nächsten Einsatz.

Häufig auftretende Nachlässigkeiten, die bei späteren Einsätzen zu Schwierigkeiten führen, sind:

- Die Absperrorgane bzw. Niederschraubventile an Verteilern oder Standrohren sind nicht geschlossen.
- Der Dichtring am Standrohr fehlt.
- Die Klauenmutter am Standrohr ist nicht heruntergedreht.
- Die Knaggenteile der Kupplungen von Schläuchen und Strahlrohren sind mit groben Teilen verschmutzt.
- Feuerwehr- und Arbeitsleinen sind nicht ordentlich gestopft.
- Die Gurte am Tragegestell der Pressluftatmer sind nicht auf Maximallänge eingestellt oder hängen lose herum.

Prägen Sie sich diese Punkte ein und prüfen Sie diese vor jedem Abrücken stichprobenartig. Binden Sie hierbei ganz bewusst Ihre Mannschaft ein. Diese wird dann künftig bei der Herstellung der Einsatzbereitschaft immer von sich aus große Sorgfalt walten lassen.

Wenn alle Geräte auf dem Fahrzeug verlastet und die Geräteräume geschlossen sind, geben Sie das Kommando »Aufsitzen!«.

Kontrollieren Sie die Vollzähligkeit der Mannschaft und melden Sie der Feuerwehrleitstelle das Einrücken. Bei Einsätzen im Zugverband oder als Teileinheit innerhalb eines Einsatzabschnittes beziehungsweise innerhalb einer Einsatzstelle melden Sie die Fahrbereitschaft an die übergeordnete Führungskraft. Ein Einrücken ist erst nach deren Zustimmung möglich.

5.2 Wiederherstellen der Einsatzbereitschaft im Feuerwehrhaus bzw. auf der Feuerwache

Nach dem Einrücken muss die Einsatzbereitschaft, soweit dies an der Einsatzstelle nicht möglich war, sofort wieder hergestellt werden. Hierzu gehören:

- Gebrauchte Schläuche durch einsatzbereite ersetzen.
- Treibstoffbehälter der Fahrzeuge, Tragkraftspritzen und Aggregate auftanken.
- Defekte Geräte auswechseln.
- Ladezustand batteriebetriebener Geräte überprüfen.
- Löschmittelvorräte ergänzen.
- Gebrauchte Atemluftflaschen austauschen und Atemschutzgeräte einsatzbereit machen.

5 Die Aufgaben nach der Gefahrenbeseitigung

- Atemschutzmasken reinigen beziehungsweise gereinigte Masken auf das Fahrzeug legen.
- Nasse oder verschmutzte Leinen durch einsatzbereite Leinen austauschen.
- Verloren gegangene, nasse oder defekte Teile der Persönlichen Schutzausrüstung ersetzen.
- Verschmutzte Schutzkleidung reinigen oder waschen.

Abschließend melden Sie die Einsatzbereitschaft an die Feuerwehrleitstelle.

6 Die Gruppe als Teileinheit

Bei größeren Einsätzen arbeitet die Gruppe als Teileinheit innerhalb eines Löschzuges, eines Einsatzabschnitts oder gemeinsam mit mehreren anderen Einheiten unter Führung einer Gesamteinsatzleitung. Sie erhalten dann einen Einsatzauftrag, den Sie eigenverantwortlich ausführen.

Merke:

Durch die Unterstellung der Gruppe unter eine übergeordnete Führungsebene ergeben sich Unterschiede zwischen der Führung einer Gruppe als Teileinheit und einer Gruppe als selbstständige Einheit. Für die Gruppe als Teileinheit gilt:

- Lagemeldungen und Nachforderungen werden nicht mehr an die Feuerwehrleitstelle, sondern an die übergeordnete Führungskraft gegeben.
- Die übergeordnete Führungskraft kann Ihnen als Gruppenführerin oder Gruppenführer Anweisungen erteilen.
- Ihr Entscheidungsspielraum in Bezug auf die Gesamtschadenlage ist eingeschränkt. Sie erhalten nicht nur den Einsatzraum, sondern auch den Einsatzauftrag zugeteilt. Innerhalb dieses vorgegebenen Rahmens handeln Sie eigenständig.
- Ein Abweichen vom Auftrag ist grundsätzlich nur nach Zustimmung der übergeordneten Führungskraft möglich. Bei Gefahr im Verzug können und müssen Sie jedoch oft sogar eigenständig entscheiden und gegebenenfalls hiervon abweichen. Die übergeordnete Führungskraft muss dann sofort verständigt werden.
- Jeder Befehl der übergeordneten Führungskraft muss wiederholt werden.

6 Die Gruppe als Teileinheit

6.1 Die Gruppe im Zugeinsatz

Beachten Sie beim Einsatz innerhalb eines Zuges folgende Punkte:

- Bei der Anfahrt zur Einsatzstelle immer als geschlossene Einheit fahren.
- Nach Eintreffen an der Einsatzstelle ohne Aufforderung bei der Zugführerin oder beim Zugführer melden.
- Befindet sich die Zugführerin oder der Zugführer zur Erkundung im Innern eines Gebäudes, muss mindestens die erste eintreffende Gruppenführerin oder der erste eintreffende Gruppenführer dorthin folgen (Sicherung des Zugführers!).
- Falls keine besondere Anweisung erfolgt, sind die Einsatzahrzeuge, wie in ▶ Bild 12 dargestellt, aufzustellen. Dabei sind die Grundsätze nach ▶ Kapitel 2.3 zu beachten.

Die im Jahre 2005 zurückgezogene Feuerwehr-Dienstvorschrift 5 »Der Zug im Löscheinsatz« sah verschiedenen Möglichkeiten der Zusammenarbeit der beiden Löschgruppen vor und bezeichnete diese als Einsatzformen. Mit der Einsatzform legt der Zugführer fest, ob und wie die beiden Gruppen des Löschzuges zusammenarbeiten.

6.1 Die Gruppe im Zugeinsatz

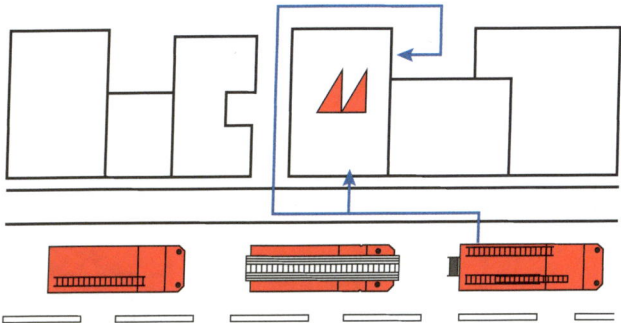

Bild 12: *Fahrzeugaufstellung eines Zuges*

Es gibt vier Einsatzformen (▶ Bild 13):
- Einsatz getrennt,
- Einsatz nebeneinander,
- Einsatz hintereinander,
- Einsatz geschlossen.

Das Wissen über diese vier Einsatzformen ist auch heute noch hilfreich. Die wesentlichen Aspekte der einzelnen Einsatzformen sind nachfolgend erläutert.

6 Die Gruppe als Teileinheit

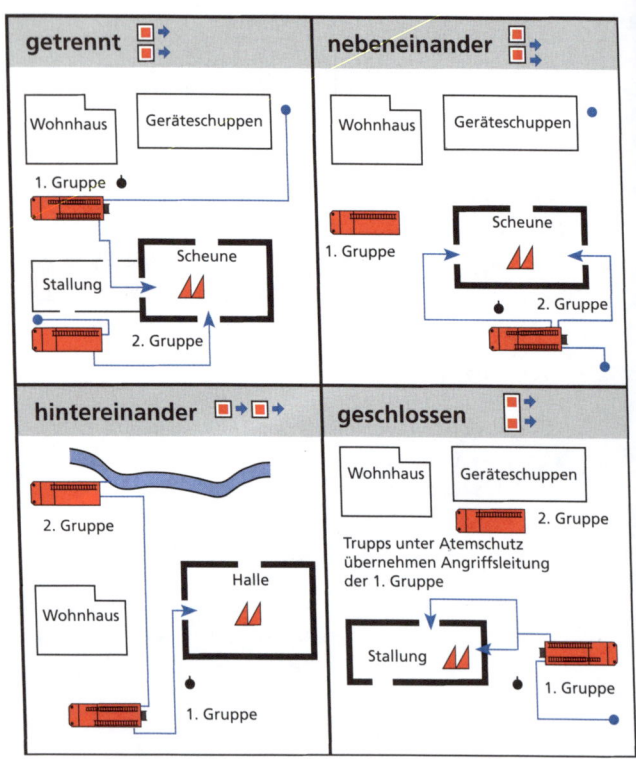

Bild 13: *Einsatzformen des Zuges*

6.1 Die Gruppe im Zugeinsatz

6.1.1 Einsatz getrennt

Beim »Einsatz getrennt« arbeiten beide Gruppen vollkommen eigenständig. Jede Gruppe hat einen ihr zugewiesenen Einsatzraum und führt den Einsatzauftrag so aus, als wäre es ein eigenverantwortlicher Einsatz.

Diese Einsatzform ist bei räumlich ausgedehnten Einsatzstellen oder bei Einsatzstellen, die an mehrere Straßen angrenzen, zweckmäßig. Die Einsatzform ermöglicht einen umfassenden Einsatz. Jede Gruppe muss hierbei ihre eigene Löschwasserversorgung herstellen.

Der »Einsatz getrennt« wird auch durchgeführt, wenn die Gruppen zur gleichen Zeit unterschiedliche Aufträge ausführen (beispielsweise: erste Gruppe macht Menschenrettung, zweite Gruppe macht Brandbekämpfung).

> **Beispiel für einen Befehl (▶ Bild 13):**
>
> »Einsatz getrennt«
> Erste Gruppe: Abriegeln zwischen Stallung und Scheune vom Innenhof aus
> Zweite Gruppe: Brandbekämpfung in der Scheune von Scheunenrückseite aus
> Zum Einsatz vor!

6.1.2 Einsatz nebeneinander

Der »Einsatz nebeneinander« wird durchgeführt, wenn beim Löscheinsatz beide Gruppen unmittelbar aneinander angrenzend eigenständig Rohre vornehmen müssen und die Förderleistung einer Feuerlöschkreiselpumpe ausreicht. Beide Gruppen arbeiten von ein und demselben Löschfahrzeug aus, wobei zwischen Fahrzeug und Einsatzstelle jede Gruppe selbstständig arbeitet. Der Vorteil dieser Einsatzform liegt darin, dass die Wasserversorgung zwischen Wasserentnahme und Löschfahrzeug nur einmal aufgebaut werden muss. Welche Gruppe die Wasserversorgung herstellt, bestimmt der Zugführer in seinem Einsatzbefehl.

> **Beispiel für einen Befehl (▶ Bild 13):**
>
> »Einsatz nebeneinander« vom LF 20 aus
> Erste Gruppe: Brandbekämpfung von Westseite
> Zweite Gruppe: Brandbekämpfung von Ostseite
> Zum Einsatz vor!

6.1.3 Einsatz hintereinander

Der »Einsatz hintereinander« wird bei weit entfernt liegender oder schwer zugänglicher Wasserentnahmestelle durchgeführt. Eine Gruppe wird mit dem eigentlichen Einsatz beauftragt. Die zweite Gruppe ist für die Wasserentnahme und die Löschwasserzuführung verantwortlich; sie arbeitet unterstützend.

> **Beispiel für einen Befehl (▶ Bild 13):**
>
> »Einsatz hintereinander«
> Erste Gruppe: Brandbekämpfung in Halle
> Zweite Gruppe: Löschwasserversorgung, Wasserentnahme am Bach
> Zum Einsatz vor!

6.1 Die Gruppe im Zugeinsatz

6.1.4 Einsatz geschlossen

Der »Einsatz geschlossen« ist eine Einsatzform, die durchgeführt wird, wenn nur wenige Einsatzmaßnahmen notwendig sind. Die Einsatzmaßnahmen, die ansonsten von einer Gruppe alleine durchgeführt werden, werden von den zwei Gruppen des Zuges gemeinsam durchgeführt. Es wird hierbei im Wesentlichen nur das Gerät einer Gruppe verwendet. Der geschlossene Einsatz kann beispielsweise bei der Vornahme eines oder mehrerer Rohre unter Atemschutz durchgeführt werden. Eine Gruppe bereitet den Löschangriff vor. Die Trupps der anderen Gruppe rüsten sich mit Atemschutzgeräten aus und übernehmen die vorbereiteten Rohre, um damit in den Innenangriff zu gehen.

> **Beispiel für einen Befehl (▶ Bild 13):**
>
> »Einsatz geschlossen«
> Erste Gruppe: Löschangriff mit zwei C-Rohren vorbereiten
> Zweite Gruppe: Brandbekämpfung mit zwei Trupps unter Atemschutz durchführen
> Zum Einsatz vor!

Die Gruppen kommen auch dann geschlossen zum Einsatz, wenn die Mannschaft einer Gruppe zur Durchführung des Einsatzauftrages nicht ausreicht. Typisches Beispiel ist die Vornahme des Sprungtuchs.

6 Die Gruppe als Teileinheit

6.2 Die Gruppe als nachrückende Einheit bei Großeinsätzen

Merke:

Wird die Gruppe bei Großeinsätzen im Rahmen der Nachbarschaftshilfe tätig, sind folgende Punkte zu beachten:
- Nur mit vollbesetztem Fahrzeug ausrücken!
- Kartenmaterial mitführen!
- Bei der Anfahrt auf Lotsenstelle achten beziehungsweise Bereitstellungsraum anfahren!
- Ohne Einsatzauftrag nicht zu nahe an die Einsatzstelle heranfahren. Bei engen Straßen im Innenortsbereich an der letzten Kreuzung vor der Einsatzstelle Fahrzeug anhalten lassen und über Funk oder zu Fuß Kontakt mit der Einsatzleitung aufnehmen!
- Sofort nach dem Eintreffen bei der Einsatzleitung einsatzbereit melden!
- Falls die Gruppe einem Einsatzabschnitt unterstellt wird, sofort bei der Einsatzabschnittsleitung melden!
- Erhaltenen Einsatzauftrag wiederholen und Unklarheiten sofort durch Nachfrage abklären!
- Offene Fragen bezüglich Leitung (Funkverbindung, Erreichbarkeit der Einsatzleitung) und Logistik (Versorgung mit Atemluftflaschen, Löschmittel, Treibstoff, sanitätsdienstliche Versorgung) klären!
- Kontakt zu »benachbarten« Führungskräften aufnehmen!
- Übergeordnete und »benachbarte« Führungskräfte über neue Erkenntnisse informieren (z. B. Explosionsgefahr, Wanddurchbrüche, Rohrleitungen)!
- Funkverkehr auf Mindestmaß reduzieren! Möglichst auf Melder zurückgreifen.

6.2 Die Gruppe als nachrückende Einheit

Testen Sie Ihr Wissen!

Ergänzen Sie die fehlenden Begriffe:

a) Vor dem Abrücken von der Einsatzstelle kontrollieren Sie als Gruppenführerin oder als Gruppenführer, ob die Geräte im Fahrzeug … verlastet sind. Unter anderem prüfen Sie, ob die Niederschraubventile am … und am … korrekt geschlossen sind.

b) Wird die Gruppe als Teileinheit eingesetzt, werden … nicht mehr an die Feuerwehrleitstelle, sondern an die … Führungskraft gegeben.

c) Nach der ehemaligen Feuerwehr-Dienstvorschrift (FwDV) 5 gibt es vier Einsatzformen. Diese Einsatzformen sind:
   - …
   - …
   - …
   - …

d) Löschgruppen, die zu Großeinsätzen nachrücken, dürfen grundsätzlich nur mit … Fahrzeug ausrücken. Bei großräumigen Einsatzstellen, wie z. B. bei Waldbränden, ist darauf zu achten, dass … mitgeführt werden.

e) Jeder Einsatzauftrag ist nach Erteilung von der beauftragten Führungskraft zu …

Lösung auf Seite 139.

7 Standard-Einsatz-Regeln (SER) der Gruppe für den Brandeinsatz

Der in ▶ Kapitel 4 beschriebene Ablaufplan ermöglicht eine konsequente Bearbeitung des Führungsvorgangs. Für häufig auftretende Einsatzsituationen sind nachfolgende »Standard-Einsatz-Regeln« (SER) hilfreich. Die darin vorgesehenen Einsatzmaßnahmen ergeben sich aus der Bearbeitung des Führungsvorgangs.

Prägen Sie sich diese Lagen (Einsatzsituationen) und die zugehörigen Maßnahmen ein. Im Einsatzgeschehen wird Ihnen dies eine wichtige Hilfe sein.

Für die Lage 1 ist der Ablaufplan des Führungsvorgangs nachfolgend ausführlich beschrieben. Bei den weiteren Lagen wird nur auf die typischen Merkmale hingewiesen, aufgrund derer sich die Einsatzmaßnahmen ergeben.

Lage 1:

Einsatzzeit: 15.30 Uhr
- Zimmerbrand im Obergeschoss eines zweigeschossigen Wohnhauses.
- Eine Person steht am Fenster und ruft um Hilfe; hinter ihr ist Rauch erkennbar; keine Hinweise auf andere Personen.
- Gesamteindruck: ▶ Bild 14.

7 Standard-Einsatz-Regeln (SER) der Gruppe

Bild 14: *Gesamteindruck für Lage 1*

Wohnungsbrand im Obergeschoss eines Wohnhauses; Flammen schlagen aus dem Fenster. Eine Person steht am Fenster und ruft um Hilfe. Der Wohnungsflur ist offenbar schon vom Brand betroffen. Nach dem Ablaufplan des Führungsvorgangs sehen Antwort und Tätigkeit der Führungskraft wie folgt aus:

7 Standard-Einsatz-Regeln (SER) der Gruppe

Tabelle 4: *Lage 1 – Ablaufplan des Führungsvorgangs*

Lagefeststellung	Frontalansicht (Erste Phase der Erkundung – ▶ Kapitel 4.2)
Reicht Lagefeststellung zur augenblicklichen Planung aus?	Typisches Bild: ■ »Person in Gefahr« erkennbar ■ Flammen und Rauch erkennbar – Eindruck reicht aus – Einsatz ohne Bereitstellung
Welche Gefahren sind erkannt?	Für die Person im OG: ■ Atemgifte ■ Ausbreitung des Brandes innerhalb der Wohnung im OG Für Sachwerte: ■ Ausbreitung auf Wohnung im OG ■ Ausbreitung auf Treppenraum ■ Ausbreitung durch Feuerüberschlag auf Dach Für Mannschaft: ■ Atemgifte durch Brandrauch beim Vorgehen im Innenangriff
Welche Gefahr muss zuerst bekämpft werden?	Atemgifte für die Person im OG
Welche Möglichkeiten zur Abwehr der Gefahr bestehen?	■ Menschenrettung über Steckleiter ■ Menschenrettung über Treppenraum
Muss für die Planung eine weitere Gefahr berücksichtigt werden?	Nein, die Gefahr für die Person hat absoluten Vorrang und ist zeitkritisch.

7 Standard-Einsatz-Regeln (SER) der Gruppe

Tabelle 4: *Lage 1 – Ablaufplan des Führungsvorgangs – Fortsetzung*

Welche Möglichkeit der Gefahrenabwehr ist die Beste?	Menschenrettung über Steckleiter ist die beste Möglichkeit. Grund: Der Wohnungsflur ist vermutlich vom Brand betroffen; zwischen Treppenraum und Person befindet sich der Brand, sodass der Treppenraum aktuell als nicht begehbar einzustufen ist.
Entschluss	Schlauchtrupp führt Menschenrettung über Steckleiter durch. Angriffstrupp hat PA bereits im Fahrzeug angelegt. Deshalb wird die Menschenrettung nicht vom Angriffstrupp durchgeführt. Der Angriffstrupp soll sofort als unterstützende Maßnahme die »Brandbekämpfung« im Innenangriff vorbereiten. - Schlauchtrupp und Melder bringen Steckleiter in Stellung. - Wassertrupp baut Wasserversorgung zwischen Wasserentnahmestelle und Verteiler auf. - Verteiler fünf Meter vor Hauseingang. - Angriffstrupp bereitet Innenangriff vor. - Ein Rettungswagen (RTW) und ein weiteres LF werden nachgefordert (Mindestanforderung). - Wassertrupp rüstet sich als Sicherheitstrupp (PA) aus, sobald Wasserversorgung »steht«.

7 Standard-Einsatz-Regeln (SER) der Gruppe

Tabelle 4: *Lage 1 – Ablaufplan des Führungsvorgangs – Fortsetzung*

Befehl	»Wasserentnahme Unterflurhydrant, Verteiler fünf Meter vor Hauseingang. Schlauchtrupp zur Menschenrettung mit Steckleiter ins OG, rechtes Fenster, mit Unterstützung des Melders vor!«
später:	»Angriffstrupp zur Brandbekämpfung ins OG vor!«
	»Wassertrupp als Sicherheitstrupp mit PA ausrüsten. Vor!«
Lagemeldung/ Nachforderung	»Schulstraße 4, • Zimmerbrand im Obergeschoss eines zweigeschossigen Wohnhauses, • eine Person im OG in Gefahr, • Menschenrettung über Steckleiter eingeleitet, Löschangriff wird vorbereitet, • zwei PA im Einsatz, • ein RTW, ein LF 10 zur Einsatzstelle!«

Damit ist der Führungsvorgang einmal durchlaufen. Es folgen nun gemäß des Ablaufplans die Fragen:

»Sind weitere Gefahren möglich?« und »Sind alle Gefahren beseitigt?«

Aufgrund der Lage bestehen noch weitere Gefahren.
→ Erneuter Durchlauf des Führungsvorgangs:

7 Standard-Einsatz-Regeln (SER) der Gruppe

Tabelle 5: *Lage 1 – Erneuter Durchlauf des Führungsvorgangs*

Lagefeststellung	Person befragen und Erkundung im Treppenraum.
Erkundungsergebnis	Der Treppenraum ist im OG verraucht. Keine weiteren Personen.
Welche Gefahren sind nun erkannt?	Hinweis: Die Gefahren durch Atemgifte für die Person im OG werden bereits bekämpft. Durch die Menschenrettung wird gleichzeitig auch die Gefahr der Brandausbreitung für die Person bekämpft. Gefahren bestehen somit noch für die Sachwerte entsprechend obiger Ausführungen.
Welche Gefahr muss zuerst bekämpft werden?	Ausbreitung des Brandes in der Wohnung in Richtung Treppenraum.
Welche Möglichkeiten zur Abwehr der Gefahr bestehen?	Vornahme eines C-Rohres im Innenangriff. Eigenschutz: Pressluftatmer.
Muss für die Planung eine weitere Gefahr berücksichtigt werden?	Nein.
Entschluss	<ul><li>Brandbekämpfung über Treppenraum durch Angriffstrupp. Damit wird gleichzeitig der verrauchte Treppenraum auf das Vorhandensein von Personen kontrolliert.</li><li>Melder betreut gerettete Person, bis der Rettungsdienst eintrifft!</li></ul>

7 Standard-Einsatz-Regeln (SER) der Gruppe

Tabelle 5: *Lage 1 – Erneuter Durchlauf des Führungsvorgangs – Fortsetzung*

Befehl	»Melder betreut gerettete Person! Angriffstrupp zur Brandbekämpfung mit erstem Rohr ins OG über Treppenraum vor!«
Lagemeldung	»Eine Person gerettet, ein C-Rohr, zwei PA und zwei PA als Sicherheitstrupp im Einsatz.«

Der Führungsvorgang wird nun fortgesetzt. Die gerettete Person kann nach weiteren Personen befragt werden. Als nächste Einsatzmaßnahme wird beispielsweise ein Rohr über die Steckleiter von außen vorgenommen. Es ergibt sich folgender Standardeinsatz:

> **Typisches Lagebild:**
>
> Person am Fenster in einem Obergeschoss, Brand von außen erkennbar.
>
> Standardmaßnahme: Einsatz ohne Bereitstellung
> 1. Menschenrettung über tragbare Leiter.
> 2. Brandbekämpfung mit erstem Rohr über Treppenraum.

Lage 2:

Einsatzzeit: 15.30 Uhr
- Zimmerbrand im Obergeschoss eines Wohnhauses; Flammen schlagen aus dem Fenster.
- Keinerlei Hinweise auf Personen.
- Gesamteindruck: ▶ Bild 15.

7 Standard-Einsatz-Regeln (SER) der Gruppe

Bild 15: *Gesamteindruck für Lage 2*

Typisches Lagebild:
- Keinerlei Hinweise auf Personen,
- Einsatz während des Tages,
- Brand von außen erkennbar.

Standardmaßnahme: Einsatz ohne Bereitstellung

1. Brandbekämpfung mit erstem Rohr über Treppenraum.
2. Gegebenenfalls zweites Rohr von außen über Steckleiter vornehmen lassen.
   LF sofort nachfordern wegen fehlender Pressluftatmer. Nachfolgend möglichst zeitnah Gebäude nach Personen kontrollieren lassen.

Standard-Einsatz-Regeln (SER) der Gruppe

Lage 3:

Einsatzzeit: 1.30 Uhr

- Zimmerbrand im Obergeschoss eines Wohnhauses; Flammen schlagen aus dem Fenster.
- Keinerlei Hinweise auf Personen.
- Gesamteindruck: ▶ Bild 16.

Bild 16: *Gesamteindruck für Lage 3*

Standard-Einsatz-Regeln (SER) der Gruppe

Typisches Lagebild:
- Keine konkreten Hinweise auf Personen,
- aber: Einsatz während der Nacht → vermutlich Personen in der Wohnung,
- Brand von außen erkennbar.

Standardmaßnahme: Einsatz ohne Bereitstellung

1. Absuchen der Wohnung mit erstem Rohr über Treppenraum.
   Soweit hierzu und zum Eigenschutz erforderlich, Brand bekämpfen.
2. Brandbekämpfung mit zweitem Rohr eventuell über tragbare Leiter von außen vorbereiten und gegebenenfalls einsetzen.
   LF und RTW sofort nachfordern.

7 Standard-Einsatz-Regeln (SER) der Gruppe

Lage 4:

Einsatzzeit: 15.30 Uhr
- Zimmerbrand im Obergeschoss eines Wohnhauses; Flammen schlagen aus dem Fenster.
- Aufgeregte und hektische Person steht vor dem Gebäude am Hauseingang.
- Gesamteindruck: ▶ Bild 17.

Bild 17: *Gesamteindruck für Lage 4*

Typisches Lagebild:
- Keine Personen in Gefahr,
- aber: Möglichkeit von der vor dem Gebäude stehenden Person schnell weitere Informationen zu erhalten,
- Brand von außen erkennbar.

Standardmaßnahme: Einsatz mit Bereitstellung

1. Person nach weiteren Personen im Gebäude befragen.
2. Je nach Antwort:
    - Menschenrettung oder
    - Brandbekämpfung befehlen.
3. Weiteres Vorgehen wie oben.

8 Lösungen zu den Wissensfragen

Testen Sie Ihr Wissen:

S. 17	a: (f); b: (f); c: (r); d: (r); e: (f); f: (f); g: (f); h: (f); i: (r)
S. 30	a: Einsatzort – Mannschaftsstärke – 1/8
	b: Straßenverkehrsordnung
	c: Sonderrechte – Berücksichtigung der öffentlichen Sicherheit und Ordnung – mäßigend
	d: Atemschutzgeräteträger
	e: Feuerwehrleitstelle
	f: Brandeinsätzen – Fahrt/Alarmfahrt
	g: eine B-Schlauchlänge – Einsatzobjekt
S. 60	a: (f); b: (r); c: (r); d: (r); e: (f); f: (r); g: (r)
S. 66	a: (r); b: (f); c: (f); d: (f); e: (f); f: (r); g: (r)
S. 96	a: vier – ein – vier
	b: Gefahren – Einsatzkräfte
	c: tragbarer Leitern – Anzahl
	d: Angriffsposition – Verteidigungsposition
	e: Mittel...
	f: 50
	g: fünf – Sichern – Zugang schaffen – Lebenserhaltende Sofortmaßnahmen durchführen – Befreien – Transportfähigkeit herstellen.
S. 111	a: (r); b: (f); c: (f); d: (f); e: (f); f: (f)

Lösungen zu den Wissensfragen

Testen Sie Ihr Wissen:

S. 125
a: vollständig und ordnungsgemäß – Verteiler – Standrohr

b: Lagemeldungen – übergeordnete

c: getrennt – nebeneinander – geschlossen – hintereinander

d: vollbesetztem – Karten

e: wiederholen

Stichwortverzeichnis

A
ABC-Einsatz 90
Abmeldung 21
Abriegeln 84
Abrücken 113
Abschließende Maßnahmen 109
Absperrgrenze 91
Alarmfahrt 22
Alarmierung 19
Alarmierungsstichwort 19
Anfahrzeit 38
Angriff 84
Angstreaktion 69
Atemgifte 69
Atemschutz 21, 76
Atomare Strahlung 69
Aufsitzen 115
Auftrag 83, 101
Aufwand 95
Ausbreitung 69
Außenangriff 77, 84
Ausrücken 19
Ausrückeordnung 20

B
Bauweise 39
Bebauung 39
Befehl 99
Befreien 12
Bereitstellung 65
Beurteilung 67

Brandbekämpfung 77, 83
Brandwache 110

C
Chemische Stoffe 70

D
DVGW-Arbeitsblatt W 405 58

E
Eigenschutz 81
Einrücken 115
Einsatz geschlossen 123
Einsatz getrennt 121
Einsatz hintereinander 122
Einsatz mit Bereitstellung 65, 101
Einsatz nebeneinander 121
Einsatz ohne Bereitstellung 101
Einsatzbefehl 99
Einsatzbereitschaft 115
Einsatzbreite 78
Einsatzformen 118
Einsatzgrenze 76
Einsatzkräfte 47
Einsatzmaßnahmen 79
Einsatzmöglichkeiten 75
Einsatzschwerpunkt 13
Einsatztaktik, Grundsätze der 11

Stichwortverzeichnis

Einsatztiefe 78
Einsatzwert, taktischer 51
Einsturz 71
Einteilung der Mannschaft 26
Eintreffmeldung 28
Elektrizität 71
Entschluss 67, 97, 99
Entwicklungsraum 78
Erfolgschance 95
Erkrankung 70
Erkundung 61
Explosion 70, 94

F
Fahrzeugaufstellung 26
Fahrzeuge 50
Führungseigenschaft 8
Führungsmittel 37
Führungsvorgang 31
Führungsvorgang, Ablaufplan 33
Führungsvorgang, Kreisschema 32
Funk 19

G
Gefährdungsgrad 41
Gefahren 68
Gefahrenbereich 11, 91
Gefahrenmatrix 72
Gefahrstoffeinsatz 63
Gliederung der Kräfte 47

H
Hydrant 24

I
Inkorporation 93
Innenangriff 77, 84

K
Kontamination 92
Kontrolle 108
Kreisschema 33

L
Lage 36, 38, 59
Lagefeststellung 31, 61
Lagemeldung 103
Lebenserhaltende Sofortmaßnahmen 87
Löscheinsatz 83
Löschmittel 85
Löschpulver 86
Löschwasserbehälter 58
Löschwasserentnahme 58
Löschzug 117
Lotsenstelle 124

N
Nachbarschaftshilfe 124
Nachforderung 14, 50, 91, 97
nachrückende Einheit 124

P
Person, gefährdete 44
Planung 31
Pressluftatmer, Anlegen von 26

Stichwortverzeichnis

R
Relativbegriff 16
Rettung 87
Rettungsgrundsatz 87
Rettungshöhe 78

S
Schadenabwehr 36, 47
Schadenereignis 41
Schadenobjekt 42
Schadenursache 41
Schaum 85
Schnelligkeit 95
Schutz von Menschen 11
Sicherheit 95
Sicherheitstrupp 77
Sichern 88
Sitzordnung 24
Standard-Einsatz-Regeln 126
Strahlenschutzeinsatz 90

T
Technische Rettung 87
Technischen Hilfeleistung 50
Tiere 16, 75
Transportfähigkeit 87

U
Umwelt 71

V
Verkehrsunfall 89

W
Wasser 58
Wegerecht 22

Z
Zugang schaffen 89
Zugeinsatz 118
Zum Abmarsch fertig 113

Stephan Vogt/Alexander Wellisch

Grundlagen des vorbeugenden Brandschutzes für Führungskräfte

2025. 228 Seiten mit 120 Abb. Kart.
€ 32,–
ISBN 978-3-17-039073-7
Digital-Ausgabe erhältlich in der BRANDSchutz-App und als E-Book

Der vorbeugende Brandschutz ist weit mehr als nur ein Prüfkriterium im Baugenehmigungsverfahren: Er gewährleistet, dass jedes Gebäude über eine gewisse Grundausstattung baulicher und technischer Brandschutzeinrichtungen verfügt, die u. a. die Menschenrettung ermöglichen, eine Brandausbreitung behindern und wirksame Löschmaßnahmen unterstützen. Führungskräfte mit Kenntnis des vorbeugenden Brandschutzes können auch schwierige Einsatzlagen effizient bewältigen, während die falsche Einsatztaktik im schlimmsten Fall den Nutzen der baulichen und technischen Brandschutzeinrichtungen zunichtemacht.
Mit anschaulichen Grafiken erläutern die Autoren die Vorgaben der Musterbauordnung und diskutieren verschiedene taktische Einsatzszenarien.

Leseproben und
weitere Informationen:
www.kohlhammer-feuerwehr.de